『有機反応機構』ワークブック

巻矢印で有機反応を学ぶ！

奥山 格

丸善出版

はじめに

前著の緒言にも書いたように，有機化学は有機物質の変換の化学であり，有機反応を理解することが重要である．前著では，(1) ルイス構造式を正しく書き，(2) 電子の流れを巻矢印で示し，(3) 結合の切断と生成を表すことによって，反応機構が理解できることを説明した．結合にかかわる価電子が電子豊富な位置から電子不足な位置へ動いて，反応が進む．実際に自分の手を動かして巻矢印を書き，紙と鉛筆で繰り返し学習することによって，有機化学が身につく．巻矢印で電子を自由に動かすことができるようになれば，有機化学が楽しくなるだろう．

本書は，“『有機化学』ワークブック：巻矢印をつかって反応機構が書ける！”の続編として，有機反応機構の書き方をさらに学ぶためにまとめたものであり，反応の種類別に系統的に考え，有機反応の枠組みがわかりやすくなるように工夫してある．反応機構への入門書にもなるだろう．解答例は丸善出版ウェブサイト“奥山 格 監修 有機化学 plus on web (http://pub.maruzen.co.jp/book_magazine/yuki/web/) ”に掲載してあるので参考にしてほしい．反応機構の答えは一つとは限らないので，解答例はあくまでも参考にすぎない．同じウェブサイトに質問箱があるので不確かな点は質問して確認しておこう．また，本書に関してお気づきの点があれば，忌憚ないご意見を寄せていただきたい．これも質問箱に投稿していただければ幸いである．

本書をまとめるにあたっては，埼玉大学・石井昭彦先生にいろいろとご意見いただいた．また，丸善出版株式会社企画・編集部の小野栄美子氏には本書出版のために多大なご尽力をいただいた．これらの方々に心から謝意を表する．

2016年10月

奥山　格

目　　次

1　有機分子と有機反応

1.1　ルイス構造式と結合の極性

ルイス構造式は価電子を点で表す分子構造の表現法である．価電子 2 個で共有結合をつくるが，結合は線で表すことにしよう．メタン，メタノール，メタナール（ホルムアルデヒド），メタン酸（ギ酸）は，次のように表される．炭素と酸素原子は分子中でいずれも**オクテット**になっていることを確認しよう．

メタン　メタノール　メタナール（ホルムアルデヒド）　メタン酸（ギ酸）

ルイス構造式を書くときには，原子が何個の価電子をもっているか知っておくことが必要だ．次の周期表に重要な元素の価電子数をルイス表現の形でまとめてある．各元素の下には電気陰性度の数値もまとめた．

重要な元素の価電子の数と電気陰性度

族 / 1	2	13	14	15	16	17	18
H 2.20							He
Li 0.98	Be 1.57	B 2.04	C 2.55	N 3.04	O 3.44	F 3.98	Ne
Na 0.93	Mg 1.31	Al 1.61	Si 1.90	P 2.19	S 2.58	Cl 3.16	Ar
K 0.82					Se 2.55	Br 2.96	Kr
						I 2.66	Xe

・**電気陰性度**は原子の電気的陰性と陽性の程度を表すパラメーターである．

結合電子対は電気陰性度の大きい原子のほうに引きつけられ，結合は**分極**する．結合電子対の偏りは結合の極性として部分電荷で表すことができる．反応において結合がどう切れるかは結合の極性によって決まる．

例：　$\overset{\delta+}{H}-\overset{\delta-}{F}$　　$\overset{\delta-}{O}-\overset{\delta+}{H}$　　$\overset{\delta+}{C}=\overset{\delta-}{O}$

問題 1.1　次の構造式に非共有電子対をすべて書いて，ルイス構造式を完成せよ．

(a) CH_3-O-CH_3　(b) $H_3C-C(=O)-NH_2$　(c) O(環)N−H　(d) $H_3C-C\equiv N$

問題 1.2　次の結合の極性を部分電荷で表せ．

(a) H−Br　(b) N−H　(c) B−C　(d) C=N　(e) Al−H

1.2 巻矢印による反応の表し方と基本的な反応

反応は結合の組み替えによって起こっているので，それを価電子の動きとして表すことができる．価電子はルイス構造式において，**結合電子対**（結合線）と**非共有電子対**（二つの点）として表されているので，その動きを巻矢印で表す．電子は電子密度の高いところから低いところに向かって流れるから，極性結合の結合電子対は電気陰性な原子のほうに流れてアニオンとカチオンを生成する．

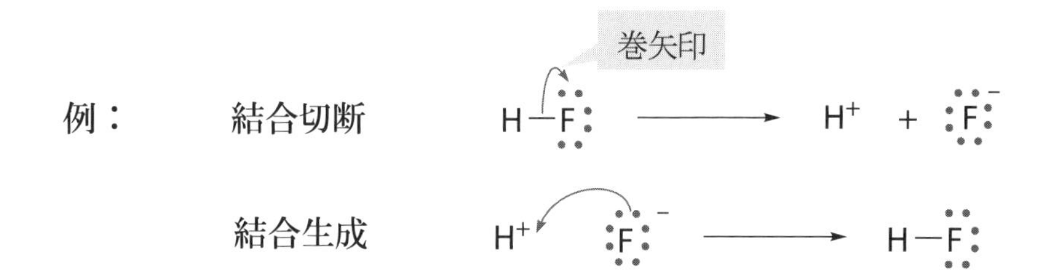

・巻矢印は 2 電子の動きを表す．電子対（非共有電子対か結合電子対）から始まり，新しい結合を生成するか新しい非共有電子対になることを示す．

すなわち，　または　となる．

これらは極性反応（イオン反応）の例であり，電子は対になって動いている．

しかし，ラジカル反応では1電子ずつ動いて反応が進むので，片羽の矢印で表す．たとえば，結合切断（ホモリシス）は次のように起こる．

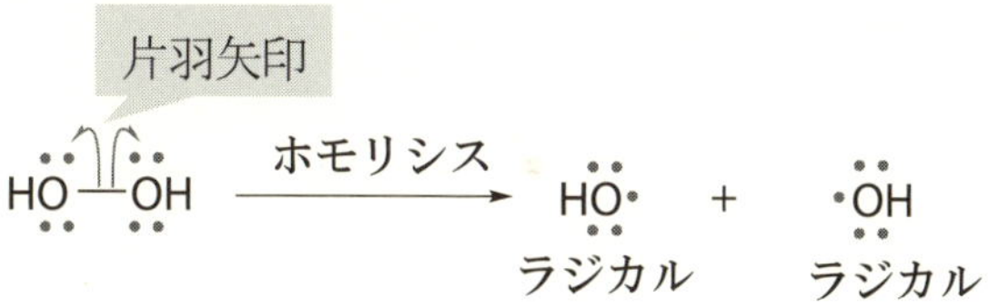

片羽矢印

HO—OH　ホモリシス→　HO·（ラジカル）＋·OH（ラジカル）

有機反応には極性反応と非極性反応があるが，本書では主として極性反応を扱う．有機反応は**酸塩基反応**と四つの基本的な反応の組合せとして理解できる．四つの基本的な反応とは，置換，付加，脱離，転位である．次に代表的な例を巻矢印で表示する．

基本的な反応と巻矢印による表現

置換：

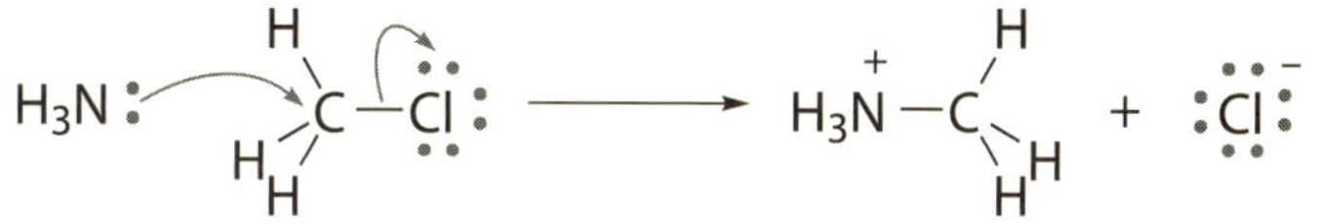

付加：

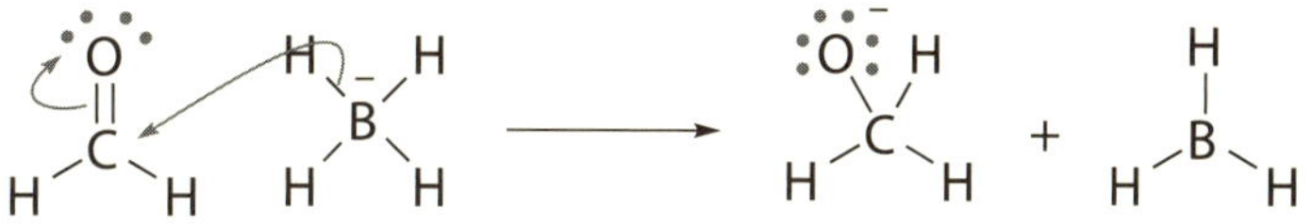

脱離：

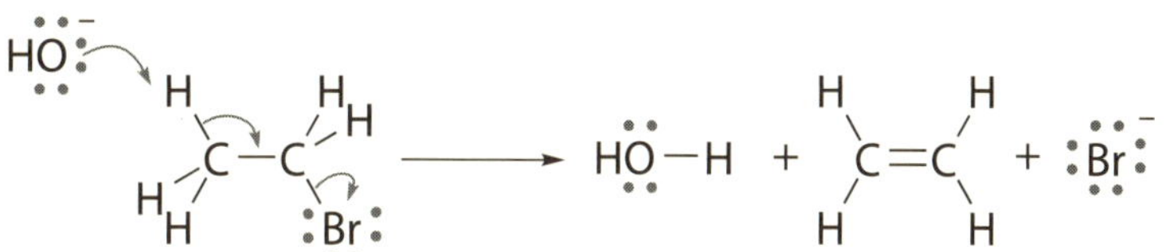

転位：

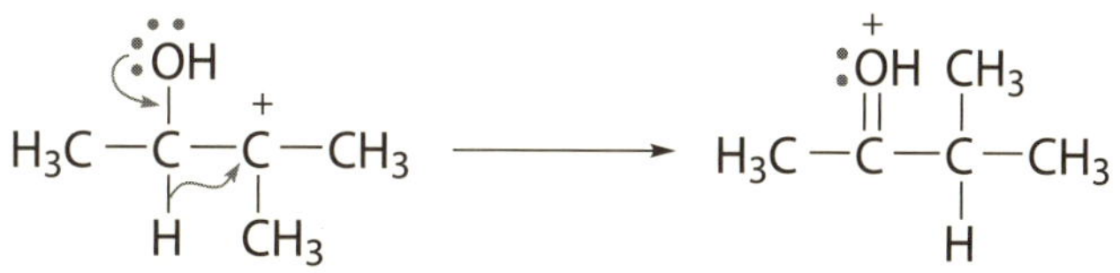

ラジカル反応：

（三つ目の反応例には“原子指定の巻矢印”も使っている．）

問題 1.3 次の反応式の巻矢印が示す結果を書いて反応を完結せよ．また，反応矢印の上に反応の種類を書け．

(a) Br^- + CH_3—I $\xrightarrow{(\qquad)}$

(b) H_3C—C(=O)—H + $^-C\equiv N$ $\xrightarrow{(\qquad)}$

(c) H—C(=O)—CH_3 + ^-O—H $\xrightarrow{(\qquad)}$

(d) H_3C—CH_2—$S^+(O^-)$—CH_3 $\xrightarrow{(\qquad)}$

問題 1.4 非共有電子対と巻矢印を書き加えて，次の反応式を完成せよ．

(a) NH_3 + H_3O^+ $\xrightarrow[\text{酸塩基反応}]{}$

(b) H_3C—C(=O)—Cl + ^-O—H $\xrightarrow[\text{付加}]{}$

(c) H_3C—C(O^-)(OH)—Cl $\xrightarrow[\text{脱離}]{}$

(d) Ph—CH=CH_2 + H—Br $\xrightarrow[\text{付加}]{}$

(Ph＝フェニル)

（反応（b）と（c）は付加-脱離であわせて置換反応になる.）

2 酸塩基反応

2.1 ブレンステッド酸と塩基： プロトン移動

J. N. Brønsted の定義によると，酸はプロトンを出すものであり，ブレンステッド酸はプロトン酸ともよばれる．したがって，**酸塩基反応はプロトン移動反応にほかならない**．そして本質的に可逆である．たとえば，HCl が水に溶ける過程は典型的な酸解離反応の一つであり，次のような平衡式で表される．

$$HCl + H_2O \rightleftharpoons Cl^- + H_3O^+$$

- 酸塩基反応は正逆両方向とも**プロトン移動**反応であり，プロトン移動では σ 結合の切断と生成が同時に起こり，二つの巻矢印で表される．

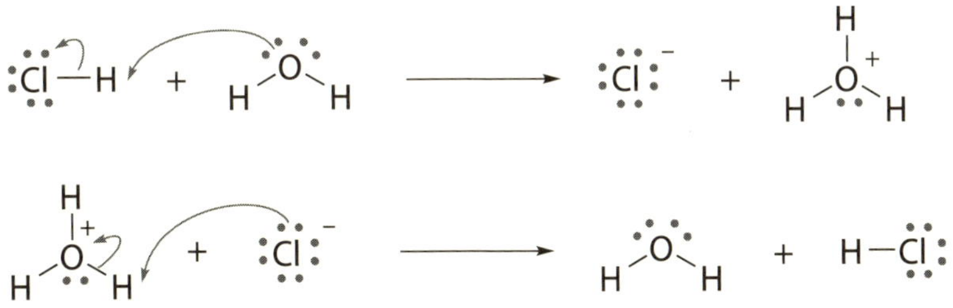

$$Cl{-}H + H_2O \longrightarrow Cl^- + H_3O^+$$

$$H_3O^+ + Cl^- \longrightarrow H_2O + H{-}Cl$$

問題 2.1 次のプロトン移動反応を巻矢印で表し，反応式を完成せよ．

(a) 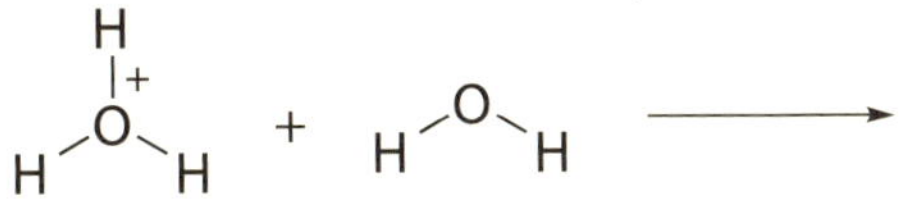 $H_3O^+ + H_2O \longrightarrow$

(b) 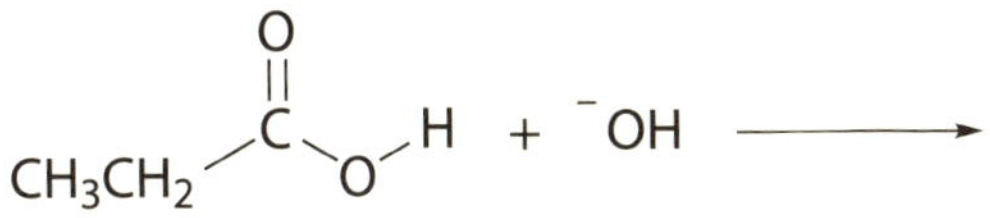 $CH_3CH_2C(=O){-}O{-}H + {}^-OH \longrightarrow$

(c) 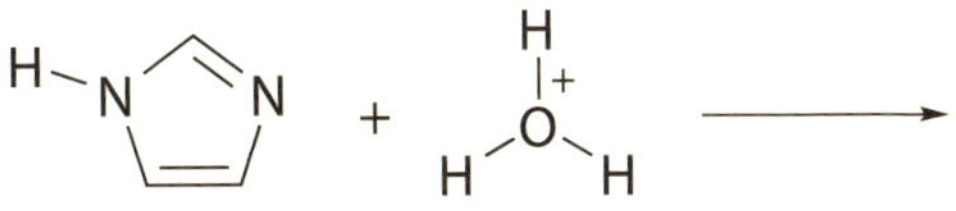 H−N(イミダゾール環)N $+ H_3O^+ \longrightarrow$

(d) 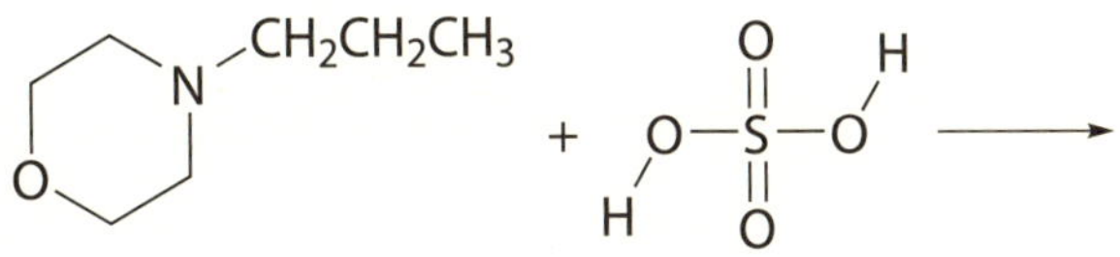 N−$CH_2CH_2CH_3$(モルホリン環) $+ HO{-}SO_2{-}OH \longrightarrow$

(e) 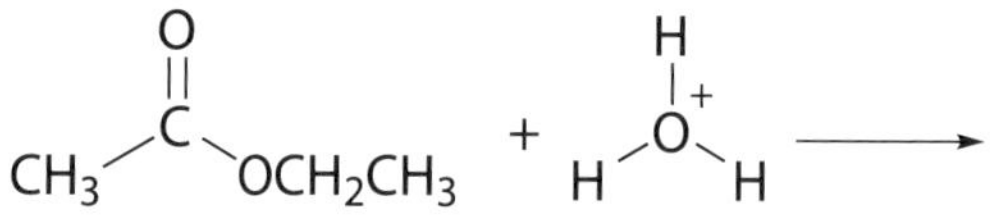 $CH_3C(=O)OCH_2CH_3$ + H_3O^+ ⟶

(f) 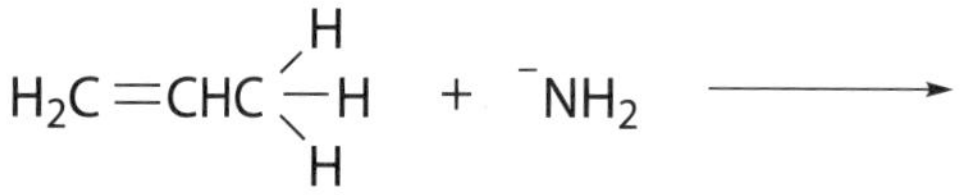 $H_2C{=}CHCH_3$ + $^-NH_2$ ⟶

有機分子の構造は線形表記で表すと，書きやすく官能基が目立つことを学んだ．次に，プロトン移動反応の例を二つ，線形表記を用いて示す．

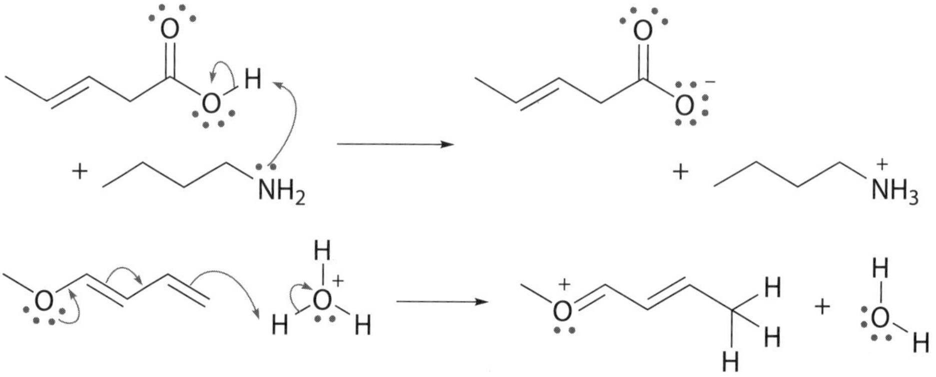

NH_2 ⟶ O^- + $\overset{+}{N}H_3$

H O⁺ H H ⟶ O⁺ H H H + O H H

問題 2.2　問題 2.1(d)〜(f) の反応式をそれぞれ線形表記で表せ．

(d)

(e)

(f)

2.2 ルイス酸・塩基と求電子種・求核種

G. N. Lewis はもっと一般性のあるルイス酸・塩基の定義を提案した.

・電子対を受け入れるものがルイス酸で，電子対を出すものが塩基である.

（ブレンステッド塩基も電子対を出して H^+ と結合する.）

一般に，ルイス酸中心は価電子を 6 個しかもたないが，塩基から電子対を受け入れて結合をつくりオクテットになる.

6 電子　8 電子
BH_3 + H_2O ⟶ $H_3B^-–O^+H_2$
ルイス酸　塩基　付加物

カルボカチオンの中心炭素は BH_3 のホウ素と等電子的であり，カルボカチオンはルイス酸である. 次の反応は S_N1 反応の 2 段階目に相当し，カルボカチオンは**求電子種**の一つであり，塩基の HO^- は**求核種**として反応している. 炭素を中心とする有機反応においては，ルイス酸は求電子種，塩基は求核種とよばれる.

Me_3C^+ + ^-OH ⟶ $Me_3C–OH$　($Me = CH_3$)
ルイス酸 求電子種　塩基 求核種

前ページでみたジエンへのプロトン移動は，アルケンのプロトン化の一つだが，アルケンの付加反応でもある. 付加反応の例として 3 ページの表に取り上げた次の反応では，アルケンは塩基として働いているが求核種でもあり，酸が求電子種として反応している.

$CH_2=CH(Me)$ + $H–Cl$ ⟶ $CH_3–C^+H(Me)$ + Cl^-
塩基 求核種　酸 求電子種

・有機極性反応は求電子種と求核種との反応，あるいはその逆反応である．

・よく使われる略号：
R＝アルキル，Ph＝フェニル，Me＝メチル，Et＝エチル，
Pr＝プロピル（*i*-Pr＝イソプロピル），Bu＝ブチル（*t*-Bu＝*t*–ブチル）

問題 2.3 非共有電子対と巻矢印を書いて，次のルイス酸塩基反応を完成せよ．

(a) BF_3（F–B(F)–F） ＋ Et–O–Et ⟶

(b) Me–C(=O)–Me ＋ $AlCl_3$（Cl–Al(Cl)–Cl） ⟶

(c) $B(OH)_3$（HO–B(OH)–OH） ＋ ^{-}OH ⟶

問題 2.4 非共有電子対と巻矢印を書いて，次の反応を完成せよ．この三つの反応は S_N1 反応の例を示している．

(a) Ph(Me)(H)C–Br ⟶ ＿＿＿＿（求電子種） ＋ ＿＿＿＿（求核種）

(b) Ph(Me)(H)C^{+}（求電子種） ＋ H–O–H（求核種） ⟶

(c) Ph(Me)(H)C–O^{+}(H)–H（酸） ＋ H–O–H（塩基） ⟶

3　カルボニル基における求核付加と求核置換反応

3.1　カルボニル基への求核付加

カルボニル炭素はC＝O結合の分極のために電子不足になっているので，求電子種として働き，**求核攻撃**を受ける．おもな求核種はHO^-, RO^-, RS^-, CN^-, RNH_2であり，求核付加のあとアニオン性の付加物は酸塩基反応で最終生成物になる（この段階は，H^+がどこからくるか不明確なことが多いので，単に可逆反応で書くことが多い）．

求核付加　酸塩基反応

(ヘミアセタール)

求核付加　酸塩基反応

問題 3.1　非共有電子対と巻矢印を書いて，次の反応を完成せよ．

(a)

(シアノヒドリン)

(b)

(水和物)

(c)

(ヘミチオアセタール)

問題 3.2　上でみたアミンの付加の中間体は双性イオンなので，最終生成物は分子内プロトン移動で生成することも考えられるが，溶媒の水分子を通して段階的に起こっている可能性が高い．次の反応式に必要な水分子を書き加え，非共有電子対と巻矢印を書いて，プロトン移動反応を完成せよ．

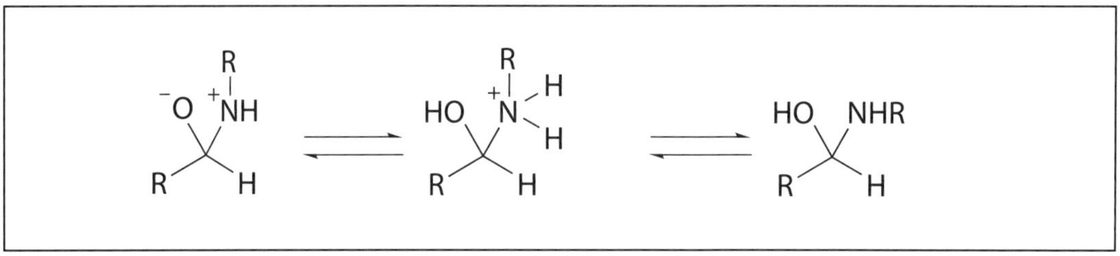

$$R\overset{-}{O}\ \overset{+}{N}H(R)\text{–}CH(R) \rightleftharpoons HO\ \overset{+}{N}H_2(R)\text{–}CH(R) \rightleftharpoons HO\ NHR\text{–}CH(R)$$

問題 3.3 第一級アミンの付加物は酸触媒によって，水分子を失いイミンを生成する．非共有電子対と巻矢印を書いて，次のイミン生成反応を完成せよ．

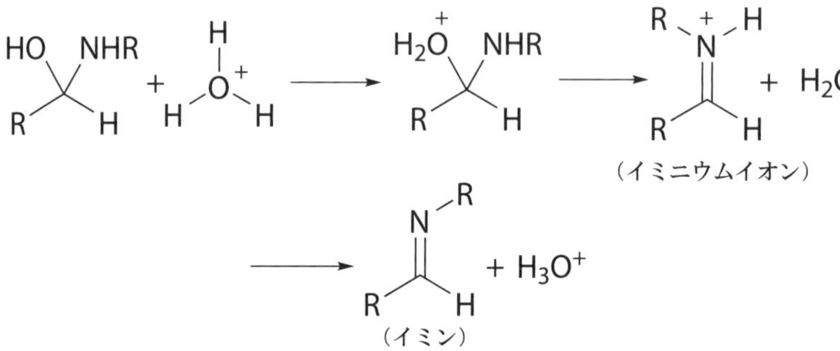

$$HO\ NHR\text{–}CH(R) + H_3O^+ \longrightarrow H_2\overset{+}{O}\ NHR\text{–}CH(R) \longrightarrow RCH{=}\overset{+}{N}HR + H_2O$$

（イミニウムイオン）

$$\longrightarrow RCH{=}NR + H_3O^+$$

（イミン）

3.2 カルボニル付加における酸触媒作用

前節でみた求核性の強いアニオンやアミンは C=O 結合に直接付加するが，求核性の弱い H_2O や ROH のような中性分子の付加には，**酸触媒**が必要である．

問題 3.1 (b) でみた反応は，HO^-が C=O に付加して最終的に水和物を生成する反応であり，HO^-は最後に再生されるので，**塩基触媒水和反応**になっていた．

水和反応：

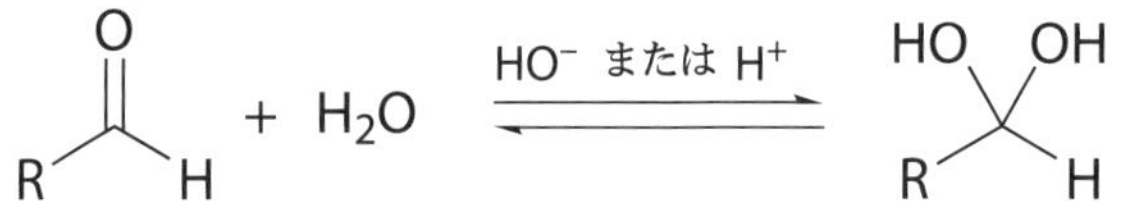

$$RCHO + H_2O \xrightleftharpoons{HO^-\ または\ H^+} RCH(OH)_2$$

- 酸触媒カルボニル付加では，H^+が可逆的にカルボニル酸素に結合してプロトン化カルボニルになり，カルボニル基が活性化される．

問題 3.4　カルボニル基への水の付加は酸によって促進される．次の**酸触媒水和反応**を，非共有電子対と巻矢印を書いて完成せよ．

問題3.5　ヒドロキシアルデヒドは分子内反応によって環状のヘミアセタールを生成する．(a) 塩基触媒環化と (b) 酸触媒環化反応の機構を，それぞれ非共有電子対と巻矢印を書いて完成せよ．

酸触媒によるアルコール（R'OH）のカルボニル付加においては，ヘミアセタールから水分子が外れ，さらにR'OHの付加が進んでアセタールが生成する．

アセタール化：

$$\mathrm{RCHO} + 2\,\mathrm{R'OH} \overset{\mathrm{H^+}}{\rightleftharpoons} \mathrm{RCH(OH)(OR')} + \mathrm{R'OH} \overset{\mathrm{H^+}}{\rightleftharpoons} \mathrm{RCH(OR')_2} + \mathrm{H_2O}$$

（ヘミアセタール）　（アセタール）

問題 3.6　アセタール化の反応機構を書け．アルコール中の酸は $R'OH_2^+$ と表せる．

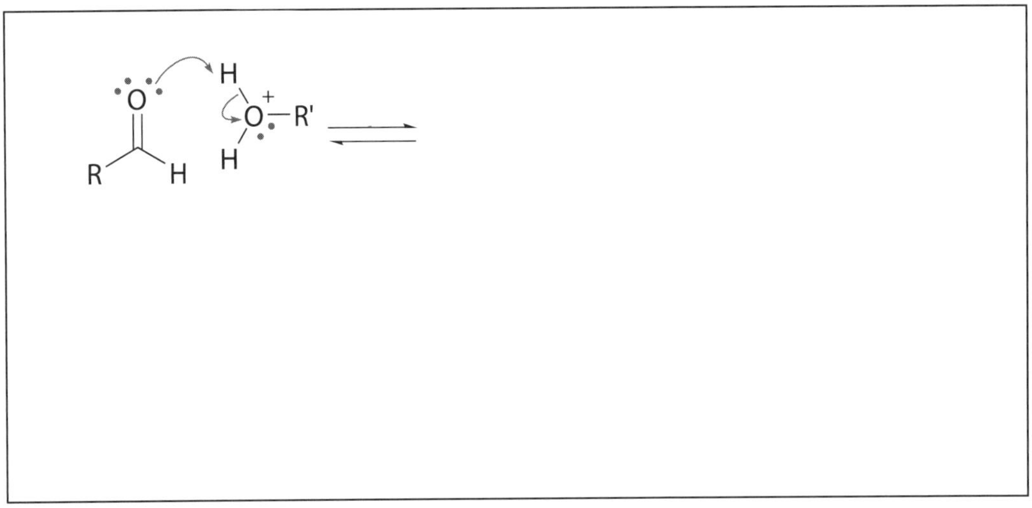

問題 3.7　イミンは酸触媒によって加水分解される．非共有電子対と巻矢印を書いて，オキシムの加水分解の反応機構を完成せよ（四面体中間体のプロトン移動の巻矢印は書かなくてよい）．

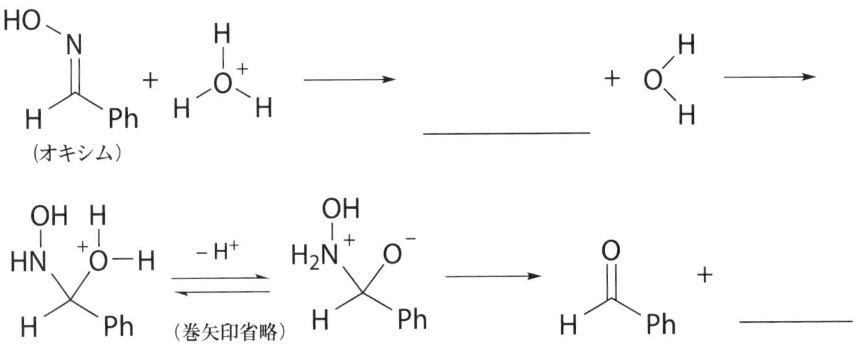

（オキシム）

（巻矢印省略）

イミンの加水分解の最終段階では双性イオンからアミンが脱離する（アミンがカルボニル基に直接付加する過程の逆になっている）．

3.3 カルボニル基における求核付加-脱離：求核置換反応

・カルボン酸誘導体 RC(O)Y は脱離基 Y^- をもっているので，求核付加-脱離で置換反応を起こす．付加中間体は四面体中間体とよばれる．

$$\mathrm{RC(=O)Y} + \mathrm{Nu^-} \xrightleftharpoons{\text{求核付加}} \mathrm{R(Y)C(O^-)Nu} \xrightleftharpoons{\text{脱離}} \mathrm{RC(=O)Nu} + \mathrm{Y^-}$$

四面体中間体

脱離基 Y には Cl, OC(O)R', OR', SR', NR'$_2$ があり，求核種 Nu^- としては R'C(O)O^-, HO^-, R'O^-, R'S^-, R'$_2$NH が一般的だが，酸触媒により NuH = H_2O, ROH も求核種として反応する．

最も典型的な反応にエステルの生成と加水分解がある．

問題 3.8 エステルのアルカリ加水分解の反応機構を完成せよ．

$$\mathrm{MeC(=O)OEt} + {}^-\mathrm{OH} \rightleftharpoons \underline{\qquad\qquad} \rightleftharpoons \mathrm{MeC(=O)OH} + \mathrm{EtO^-}$$

（四面体中間体）

$$\rightleftharpoons \underline{\qquad\qquad} + \underline{\qquad}$$

問題 3.9 非共有電子対と巻矢印を書いて，酸触媒エステル生成反応の機構を完成せよ（四面体中間体のプロトン移動の巻矢印は書かなくてよい）．

$$\mathrm{MeC(=O)OH}\ (\text{エタン酸}) + \mathrm{H_2O^+{-}Et} \rightleftharpoons \underline{\qquad\qquad} + \mathrm{H{-}O{-}Et} \rightleftharpoons$$

$$\left[\mathrm{Me(HO)(OH)C{-}O^+H{-}Et} \rightleftharpoons \mathrm{Me(HO)(OEt)C{-}O^+H_2}\right] \rightleftharpoons \mathrm{MeC(=O^+H)OEt} + \mathrm{H_2O}$$

（四面体中間体）

$$\rightleftharpoons \underline{\qquad\qquad} + \underline{\qquad}$$

（エタン酸エチル）

酸触媒エステル生成（エステル化）は可逆であり，逆反応は酸触媒加水分解になる．しかし，アルカリ加水分解では生成物間の酸塩基平衡の結果，カルボン酸が求電子性を失うので逆反応は起こらない．すなわち，（カルボン酸からの）塩基触媒エステル生成は不可能である．

問題 3.10　エステルの酸触媒加水分解の反応機構を書け．

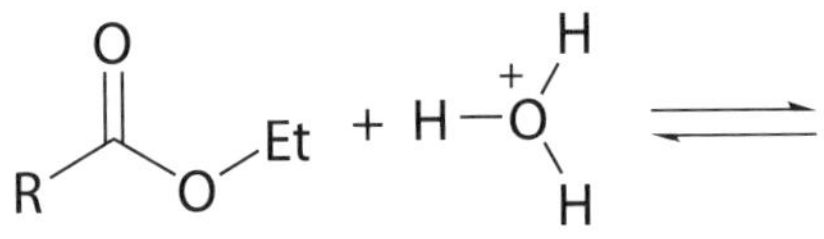

O
R　O　Et　+ H—O⁺(H)(H)　⇌

問題 3.11　塩化アシルからアミドが生成する反応の機構を完成せよ．

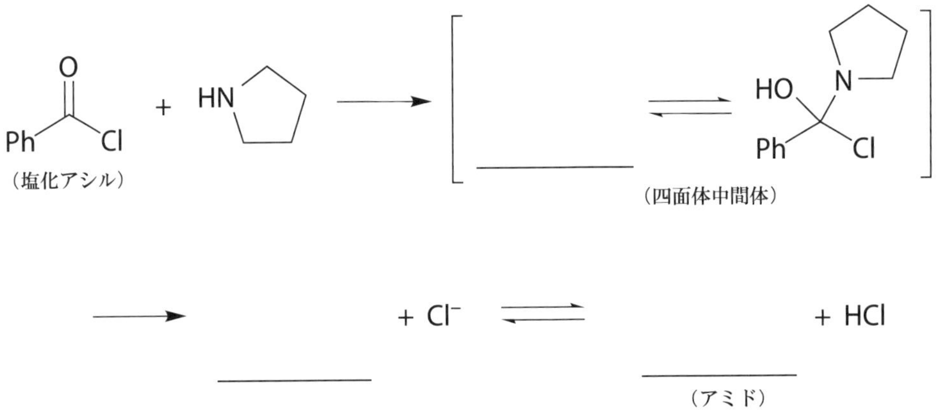

O
Ph　Cl　+ HN　→　[　　　⇌　HO　N　Ph　Cl]
（塩化アシル）
（四面体中間体）

→　　　+ Cl^-　⇌　　　+ HCl
（アミド）

3.4　カルボニル化合物のグリニャール反応とヒドリド還元

金属水素化物や有機金属化合物の M–H や M–C 結合（M は金属）は

$$\overset{\delta+}{\mathrm{M}}-\overset{\delta-}{\mathrm{H}} \text{ または } \overset{\delta+}{\mathrm{M}}-\overset{\delta-}{\mathrm{C}}$$

のように分極しており，求核種としてヒドリドイオン（H^-）またはカルボアニオン（R^-）を出して反応する．代表的な反応剤は，$LiAlH_4$, $NaBH_4$ と RLi, RMgBr である．

問題 3.12　非共有電子対と形式電荷を書き加えて，アルデヒドのヒドリド還元の反応式を完成せよ．第一段階がどう起こるか巻矢印も書くこと．

PhCHO + BH_4 ⟶ Ph–CH(O)(H) + BH_3

⇌ (HOMe) Ph–CH(OH)(H) + $BH_3(OMe)$

問題 3.13　主生成物の構造式を書いて，次の各反応式を完成せよ．

(a) PhCHO + MeMgBr —1) Et_2O, 2) H_3O^+→

(b) PhCOOEt + 2 MeMgBr —1) Et_2O, 2) H_3O^+→

(c) PhCOOEt + $LiAlH_4$ —1) Et_2O, 2) H_3O^+→

(d) Ph–C≡C–H —1) MeMgBr, Et_2O, 2) CO_2, 3) H_3O^+→

(e) CH_3COCH_2COOEt + $NaBH_4$ —MeOH→

α 水素をもたないアルデヒドは濃 NaOH 水溶液中で，等モルのアルコールとカルボン酸に変換される．この反応はカニッツァロ（Cannizzaro）反応とよばれる．

カニッツァロ反応の例： $$2\,PhCHO \xrightarrow{\text{濃 NaOH}} PhCH_2OH + PhCO_2^-$$

問題 3.14 次の反応がどのように進むか，巻矢印を用いて示せ．

$$PhCHO + H_2C{=}O \xrightarrow{\text{濃 NaOH}} PhCH_2OH + HCO_2^-$$

O
H H
+ $^-$OH ⇌
O OH
H H
O
Ph H
→

4 ハロアルカンの求核置換と脱離反応

4.1 求核置換反応： S_N2 と S_N1 反応

ハロアルカンの C–X（X = ハロゲン）結合は分極しており，C が部分正電荷をもつので求核置換反応を起こす．この置換反応は，S_N2 あるいは S_N1 機構によって進行する．

・**S_N2 反応**は，基質に求核種が直接反応する **1 段階**反応であり，反応分子数からみると**二分子**反応で，速度論的には**二次**反応である．また，反応中心の立体配置は**反転**する．一方，**S_N1 反応**は**カルボカチオン**を中間体とする **2 段階**反応であり，律速段階は**単分子**的に進む．光学活性な基質は反応中に**ラセミ化**を起こす．求核種は通常 H_2O, ROH, RCO_2H のような求核性の低い中性分子であり，これらを溶媒とする反応は**加溶媒分解**とよばれる．

問題 4.1　ブロモメタンと HO^- の反応は典型的な S_N2 反応の一つである．巻矢印を書き，遷移構造も示して反応式を完成せよ．

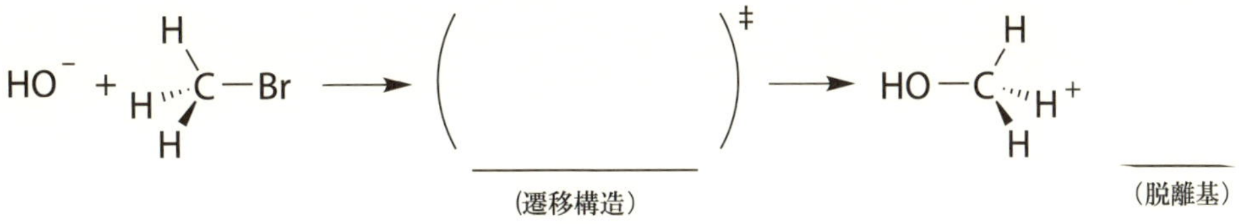

HO⁻ + H₃C–Br ⟶ (　　　)‡ ⟶ HO–CH₃ + ＿＿

（遷移構造）　（脱離基）

問題 4.2　次に示す 2-クロロ-2-フェニルプロパンの水溶液中における S_N1 反応（加水分解）に非共有電子対，形式電荷，巻矢印を書き加えて，反応式を完成せよ．

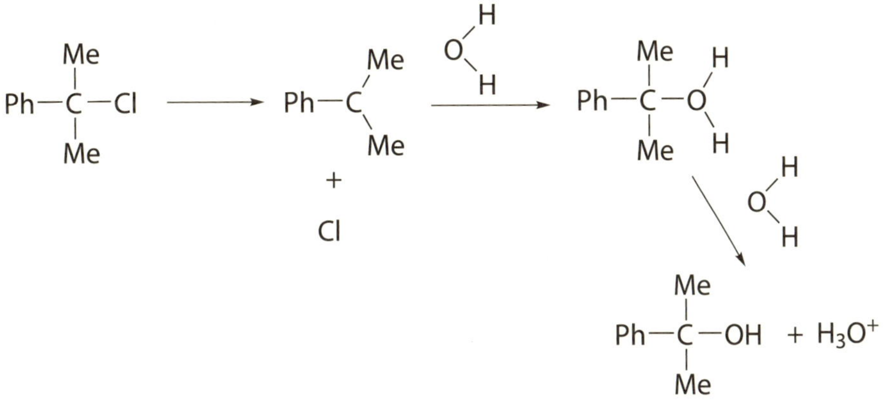

Ph–C(Me)₂–Cl ⟶ Ph–C(Me)₂ + Cl ⟶(H₂O) Ph–C(Me)₂–OH₂ ⟶(H₂O) Ph–C(Me)₂–OH + H_3O^+

問題 4.3　S_N1 反応におけるハロアルカンの反応性は，ハロゲンの脱離能と中間体カルボカチオンの安定性に依存する．次の化合物について，メタノール中における加溶媒分解が速い順に番号をつけよ．

(a)　PhCH₂Br　　PhCH(OMe)Br　　PhCH(Me)Br

(b)　PhCH(Me)Cl　　PhCH(Me)F　　PhCH(Me)I

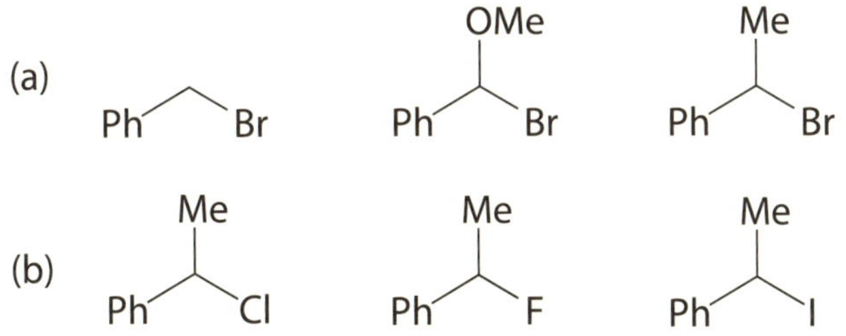

問題 4.4　S_N2 反応においては，脱離基の脱離能とともに，立体障害がハロアルカンの反応性を支配する．次の化合物について，メタノール中メトキシドによる S_N2 反応が速い順に番号をつけよ．

(a) Me⌒Br　　Me(Me)CH–Br　　Me(Me)CH–CH_2Br

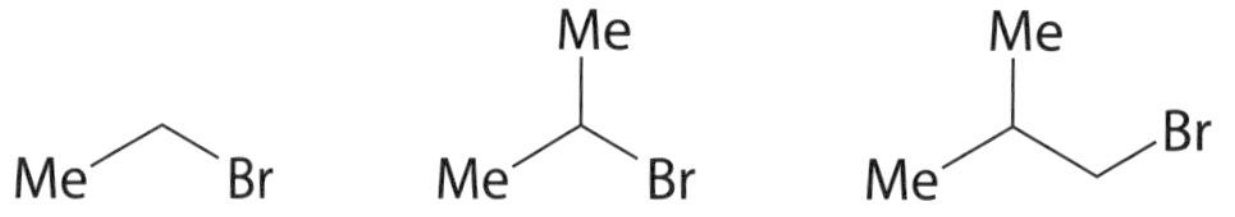

(b) Ph⌒Cl　　Ph⌒Br　　Ph⌒OEt

問題 4.5　次の反応の主生成物は何か．

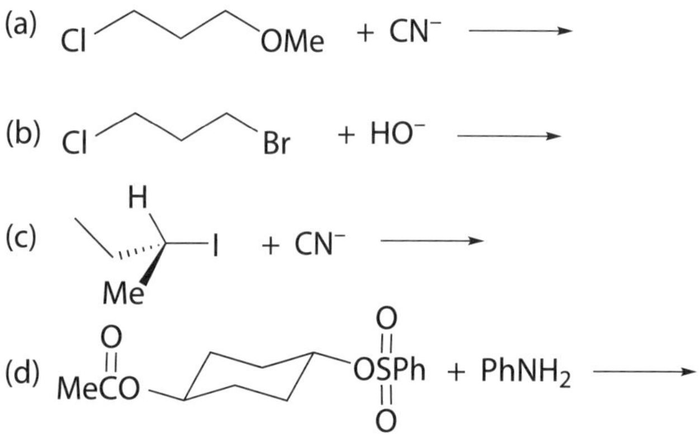

(a) Cl⌒⌒⌒OMe + CN^- ⟶

(b) Cl⌒⌒⌒Br + HO^- ⟶

(c) H, Me, –I + CN^- ⟶

(d) MeC(=O)O–（シクロヘキサン）–OS(=O)(=O)Ph + $PhNH_2$ ⟶

4.2 脱 離 反 応

S_N1 反応の中間体であるカルボカチオンは求電子種（ルイス酸）として求核種と結合して置換反応を完結している（たとえば，問題 4.2）．この中間体がブレンステッド酸として塩基に H^+ を渡すと，生成物としてアルケンが得られる．全反応は単分子脱離反応であり，E1 反応と略称される．

E1 反応の例：

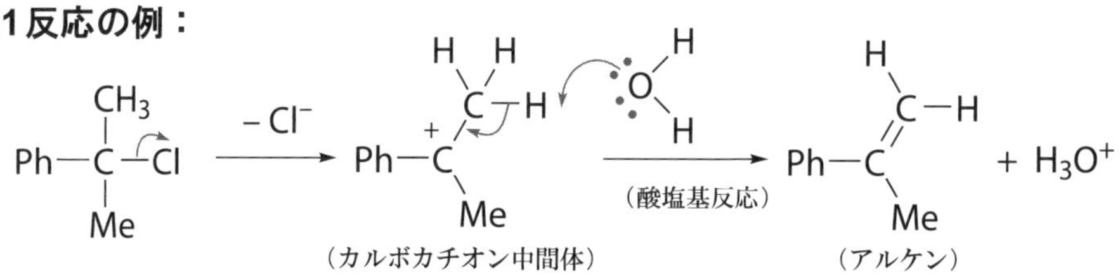

$$Ph-C(CH_3)(Me)-Cl \xrightarrow{-Cl^-} Ph-\overset{+}{C}(CH_3)(Me) \xrightarrow[(\text{酸塩基反応})]{H_2O} Ph-C(=CH_2)(Me) + H_3O^+$$

（カルボカチオン中間体）　　（アルケン）

強塩基があればハロアルカンと直接反応して，二分子的に脱離反応を達成する．この反応は E2 反応と略称される．この反応が進むためには分子軌道相互作用ができるように

C–H 結合と C–Cl 結合が同じ平面内にある必要がある．したがって，E2 反応の立体化学は通常，アンチ脱離になる．

E2 反応の例：

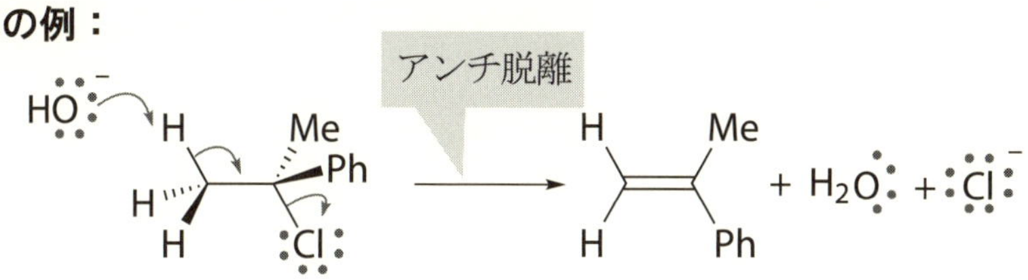

アンチ脱離

HO^{-} + H(H)(H)C–C(Me)(Ph)Cl → H(H)C=C(Me)(Ph) + H_2O + Cl^{-}

・脱離によって生成するアルケンが複数可能な場合には，通常，より安定なアルケンが選択的に得られる（ザイツェフ則）が，立体障害の大きいときや脱離基が外れにくく脱プロトンが先行するとき（E1cB 機構）には末端アルケンを生成する傾向（ホフマン則）を示すこともある．

問題 4.6　次の反応の主生成物は何か．

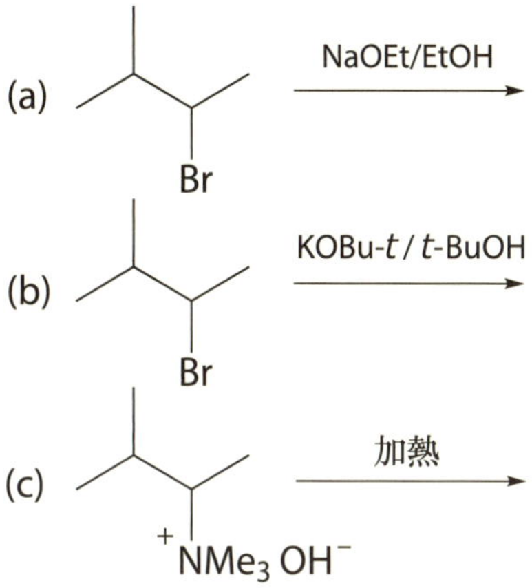

(a)　Br　NaOEt/EtOH →

(b)　Br　KOBu-*t* / *t*-BuOH →

(c)　$\overset{+}{N}Me_3$ OH^{-}　加熱 →

問題 4.7　1-ブロモ-2-メチルシクロヘキサンのシスあるいはトランス異性体を EtOH 中 NaOEt と反応させると，反応は次のように進む．構造式の結合の先端をすべて適当な原子で埋め，脱離するおもな H 原子を円で囲んで示し，主生成物の構造式を書け．

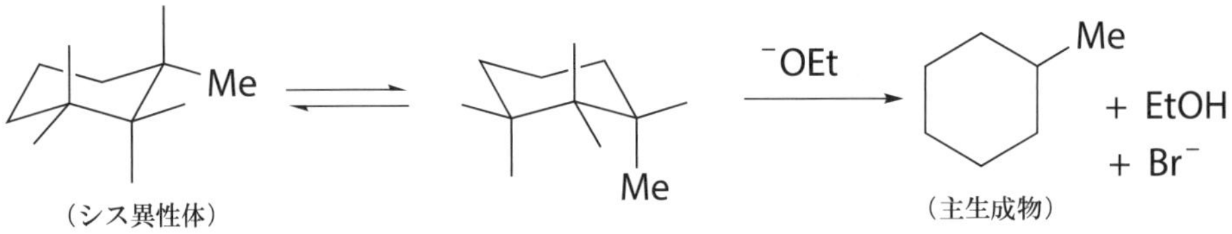

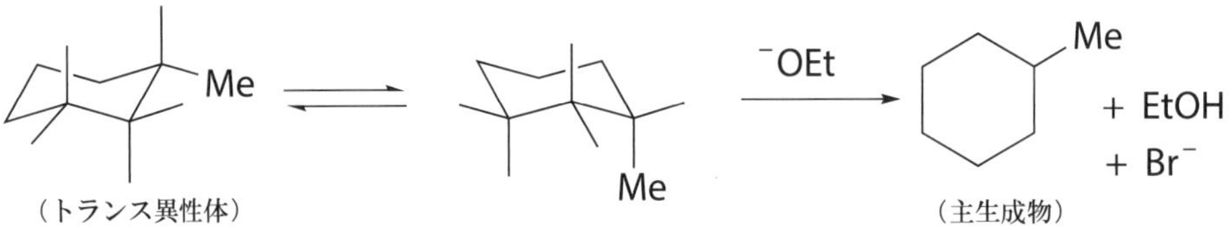

問題 4.8 2-ブロモ-3-フェニルブタンの構造式の結合末端にHとMe基を書き加えて，(2*R*,3*R*) と (2*S*,3*R*) 異性体の構造式を完成し，MeOH中NaOMeと反応させたときに生成するアルケンの構造を示せ.

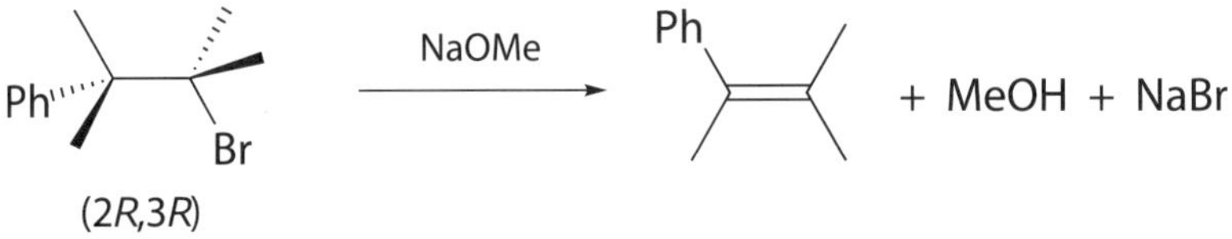

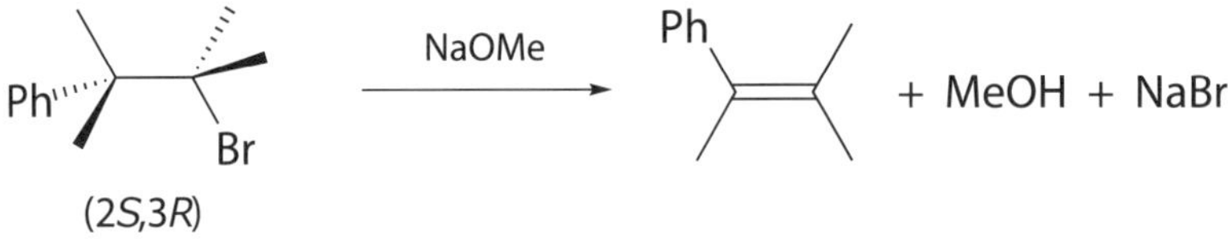

5 アルコール，エーテル，アミン

C–OあるいはC–N結合をもつ化合物は結合の極性がハロアルカンのC–X結合に似ているので類似の反応性をもつ．しかし，ROやHO（そしてR_2N）は脱離しにくいので，酸触媒が必要となる.

5.1 アルコールとエーテルの酸触媒反応

水酸化物イオンやアルコキシドイオンの塩基性は強いので，アルコールのHOやエーテルのROは，そのままでは脱離しない．しかし，酸触媒によりプロトン化されると，H_2O（またはROH）として脱離しやすくなり，置換または脱離反応を受けるようになる.

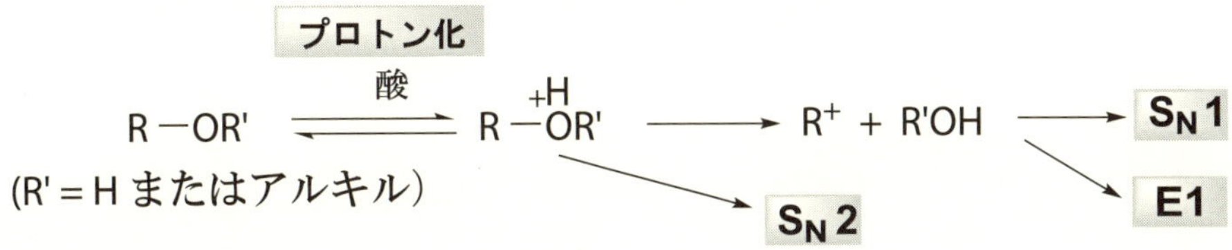

代表的な置換反応はハロゲン化水素によるアルコールのハロゲン化とエーテルの開裂である.

問題 5.1 ハロゲン化水素酸（水溶液）による次の反応がどのように進むか，巻矢印を用いて表せ.

(a) 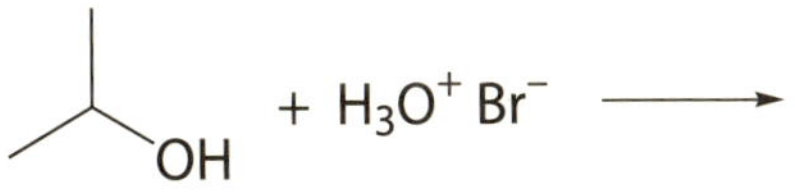

(b) 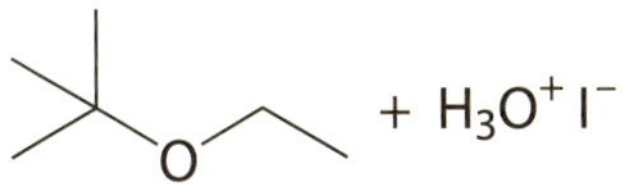

(a)

(b)

問題 5.2 硫酸のように共役塩基の求核性が低い強酸を触媒量用いて反応すると，アルコールの酸触媒脱水反応（脱離反応）が起こる．次の反応がどのように進むか，巻矢印を用いて表せ.

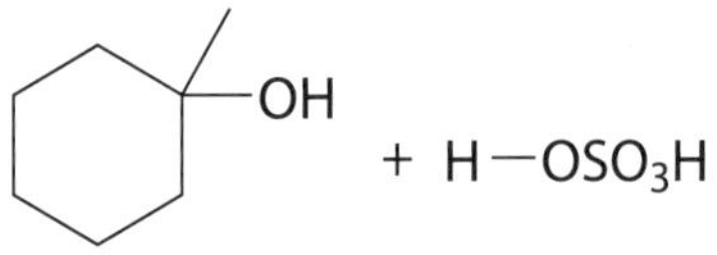

カルボカチオンを中間体とする $S_N1/E1$ 反応条件では，隣接位からアルキル基や水素が**1,2-移動**して**転位**を起こすことが多い．問題 5.3 にその一例を示すが，詳しくは 10 章（テキスト 21 章）でまとめて演習する．

問題 5.3 次の反応がどのように進むか，巻矢印を用いて表せ．

+ H_3O^+ Cl^- ⟶

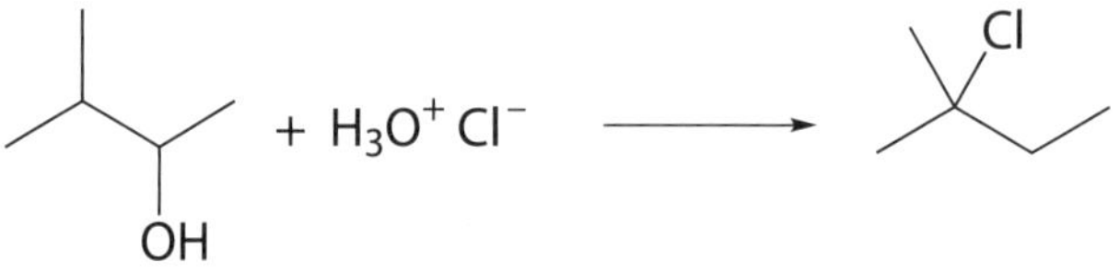

5.2 エポキシドの開環

通常のエーテルは強酸性条件でないと開裂しないが，エポキシドのような小員環エーテルは容易に開環する．この反応の推進力は**環ひずみ**（おもに結合角ひずみ）であり，反応形式は置換とみなせる．塩基性条件では S_N2 機構で進む．酸性条件でも S_N2 機構で進むと考えられているが，プロトン化により C—O 結合がゆるみ C 上に正電荷が生じている．

問題 5.4 メタノール中における塩基性と酸性条件におけるエポキシドの開裂反応 (a) と (b) がそれぞれどのように進むか，巻矢印を用いて表せ．

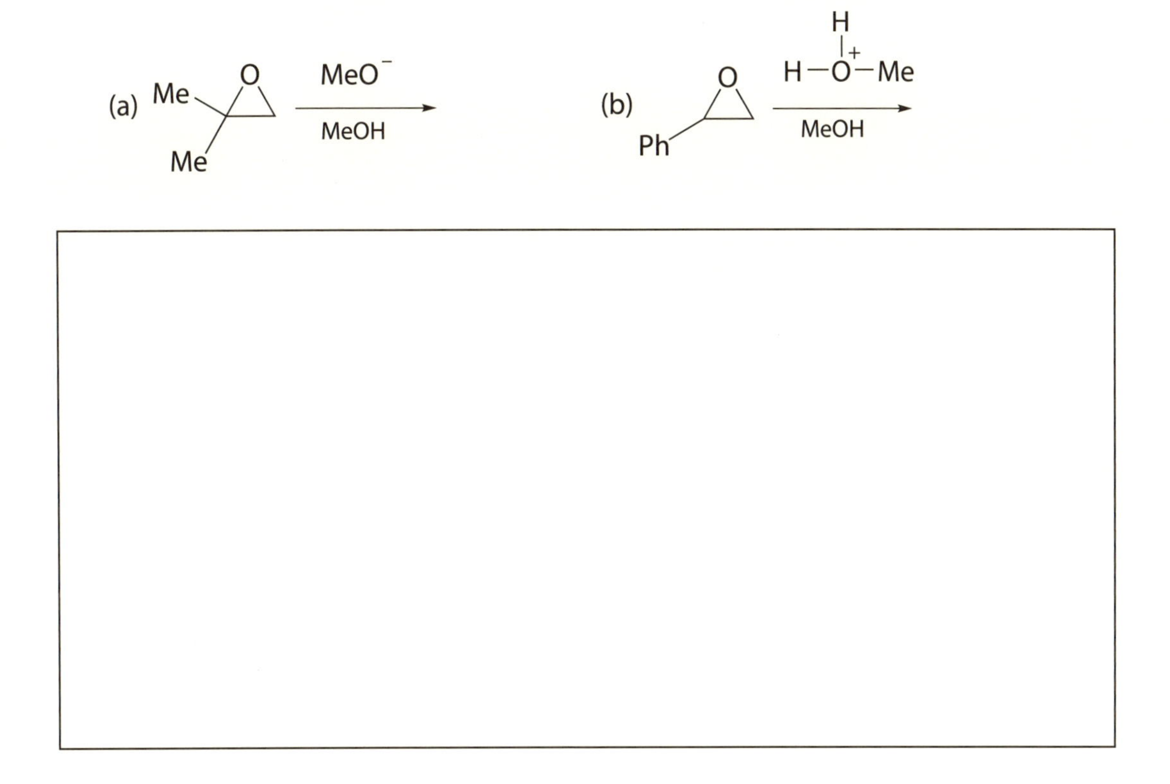

5.3 アミンの反応

アミンは典型的な有機塩基であり，求核種として反応する．

問題 5.5 次の反応の主生成物は何か．

(a) $PhCH_2NH_2$ + 3 MeI ⟶

(b) PhCHO + $H_2NC(=O)NHNH_2$ $\xrightarrow{H^+}$

(c) シクロヘキサノン（C=O） + Me_2NH $\xrightarrow{H^+}$

(d) $PhC(=O)OEt$ + Me_2NH ⟶

アミンのもう一つの特徴的な反応は亜硝酸との反応であるが，アルキルアミンの反応は利用価値が低い．

6 アルケンとアルキンへの付加反応

6.1 アルケンへの求電子付加

- アルケンやアルキンはπ電子（π結合）をもつので求核的であり，求電子種の攻撃を受けて付加反応を起こす．

典型的な反応は2-メチルプロペンへのHCl付加である．

問題 6.1 エーテル中における 2-メチルプロペンへの HCl 付加反応を，巻矢印を用いて表せ．

+ H—Cl ⟶

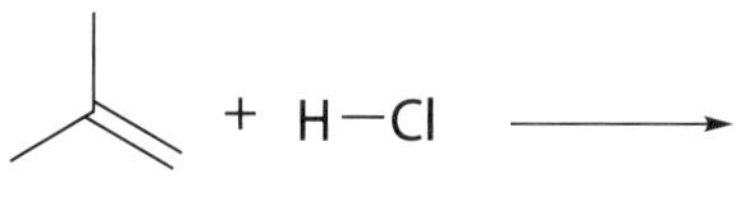

問題 6.2 塩酸水溶液中では，求電子種は H_3O^+である．濃塩酸中における 1-メチルシクロヘキセンへの HCl 付加反応を，巻矢印を用いて表せ．

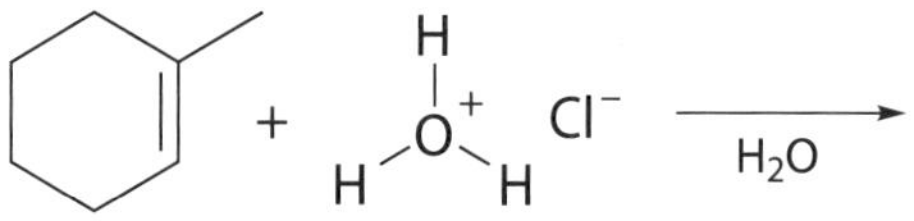

+ H_3O^+ Cl^- ⟶ (H_2O)

- アルケンへの求電子付加においては，より安定なカルボカチオン中間体が生成するように反応する（位置選択性）．

問題 6.3 ジヒドロピランは，酸触媒によりアルコールと反応してテトラヒドロピラニルエーテルを生成する．この反応の機構を書け．

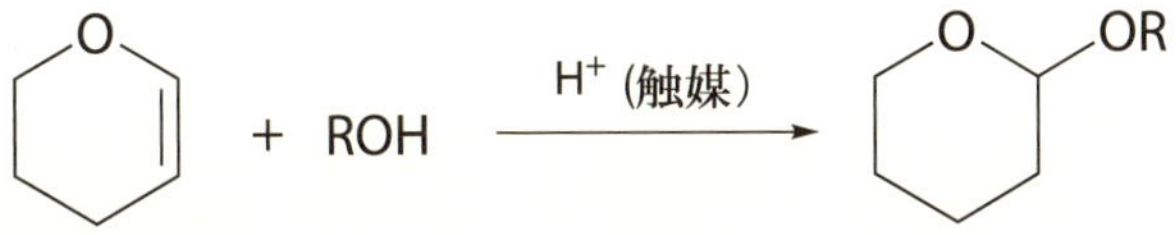

ジヒドロピラン

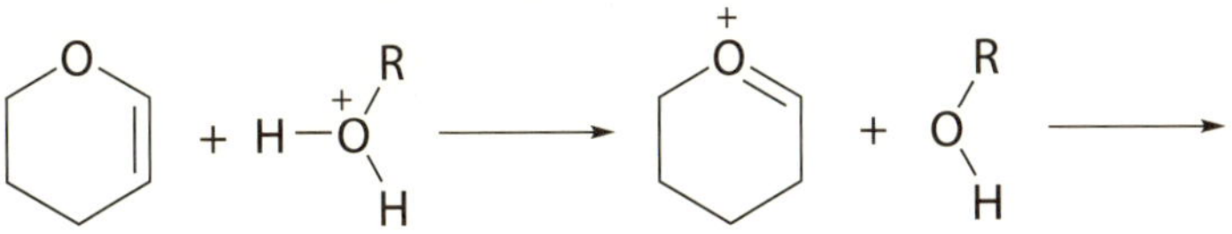

臭素付加は，三員環ブロモニウムイオンを中間体としてアンチ付加で進行する．アルコール中では，アルコール分子も求核種となる．

問題 6.4　メタノール中における次の臭素付加の反応機構を書け．

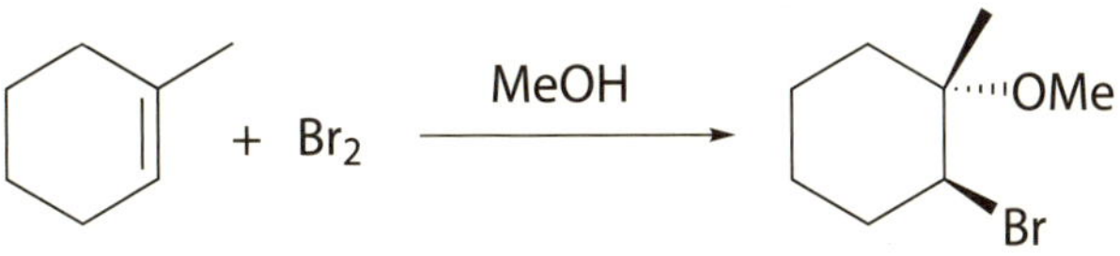

アルキンもアルケンと同じように反応するが，アルケンよりも反応性は低い．

問題 6.5　次の反応の中間体と最終生成物の構造を示せ．

1,3-ブタジエンへの付加は，1,2- あるいは 1,4-付加で起こる.

問題 6.6 ブタジエンへの HBr の付加において，3-ブロモ-1-ブテンと 1-ブロモ-2-ブテンが生成する反応の機構を書け.

・速度支配の条件では，1,2-付加物が主生成物となり，熱力学支配の条件では 1,4-付加物が主生成物になる.

問題 6.7 3-ブロモ-1-ブテンが 1-ブロモ-2-ブテンに異性化する反応の機構を書け.

6.2 付加環化反応

共役ジエンがアルケンと 1,4 位で反応してシクロヘキセン環を形成する反応は **Diels–Alder**（ディールス・アルダー）**反応**，あるいはより一般的に［4+2］付加環化反応とよばれる.

問題 6.8 次の Diels–Alder 反応の主生成物の構造を示せ.

(a) 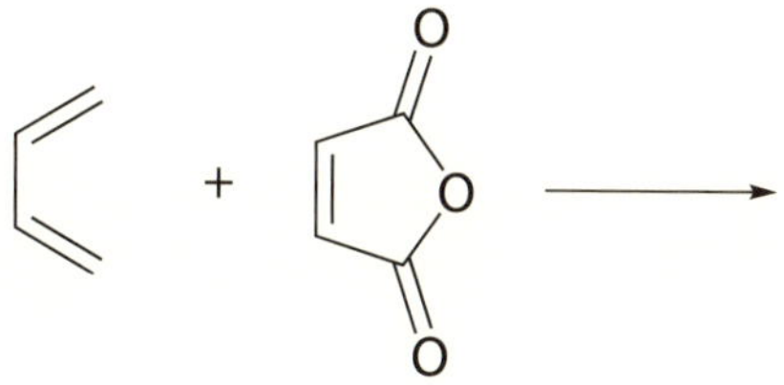 + O O O →

(b) 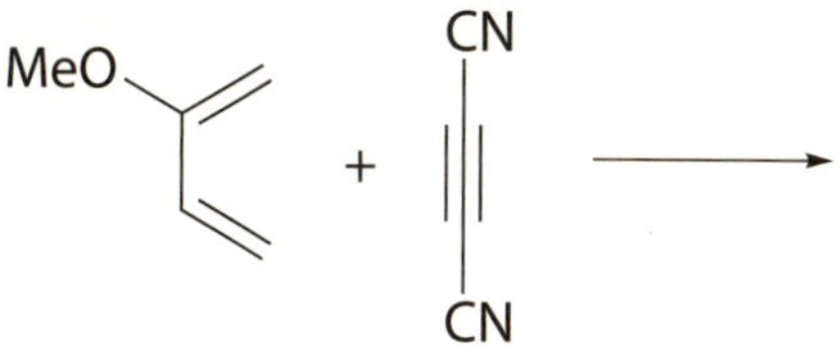 MeO + CN CN →

(c) 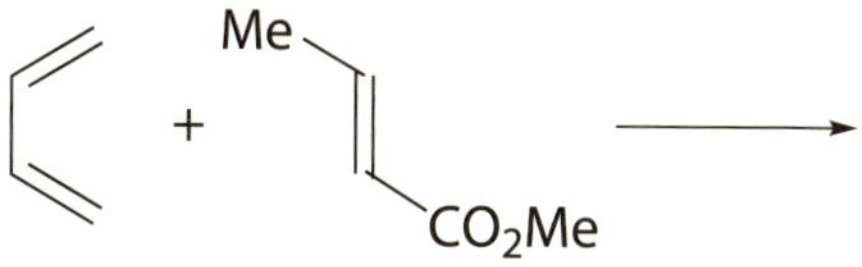 + Me CO_2Me →

(d) 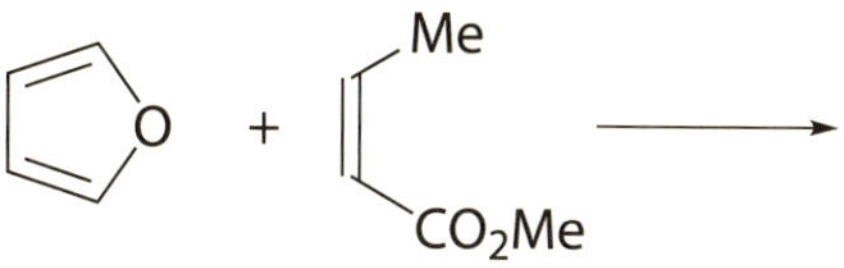 O + Me CO_2Me →

アルケンの**オゾン分解**や OsO_4 を用いる**ジヒドロキシ化**も付加環化反応を経て進む.

問題 6.9　次の反応の主生成物の構造を示せ.

(a) 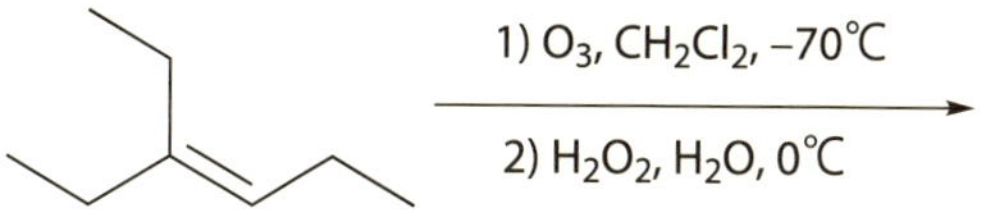 1) O_3, CH_2Cl_2, −70℃ → 2) H_2O_2, H_2O, 0℃

(b) 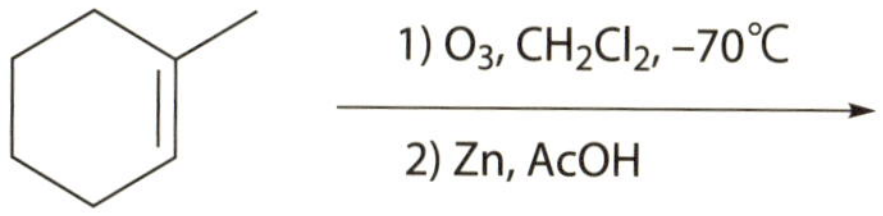 1) O_3, CH_2Cl_2, −70℃ → 2) Zn, AcOH

7　芳香族求電子置換反応

・ベンゼンとその誘導体は求電子付加-脱離によって置換反応を起こす.

問題 7.1　硝酸・硫酸混合物によるベンゼンのニトロ化は，求電子種のニトロニウムイオンを生成するところから始まる．ニトロニウムイオン生成と求電子置換の反応機構を書け．

問題 7.2　メトキシベンゼン（アニソール）の臭素化の反応機構を書け．臭素とルイス酸 $AlBr_3$ から求電子種が生成する段階も示すこと．

問題 7.3　メチルベンゼン（トルエン）に塩化エタノイル（塩化アセチル）と $AlCl_3$ を等モル反応させたとき，どのように反応が進むか巻矢印で示せ．この反応では，水溶液による後処理が必要である．

問題 7.4 フェノールに 2-メチルプロペンと硫酸を作用させたときに得られるおもな一置換体は何か．反応機構を書いて答えよ．

問題 7.5 次の反応の主生成物の構造を示せ．

(a) フルオロベンゼン $\xrightarrow[AlCl_3]{PhCH_2Cl}$

(b) 4′-メチルアセトフェノン（CH_3–C_6H_4–CCH_3(=O)） $\xrightarrow{Br_2,\ Fe}$

(c) 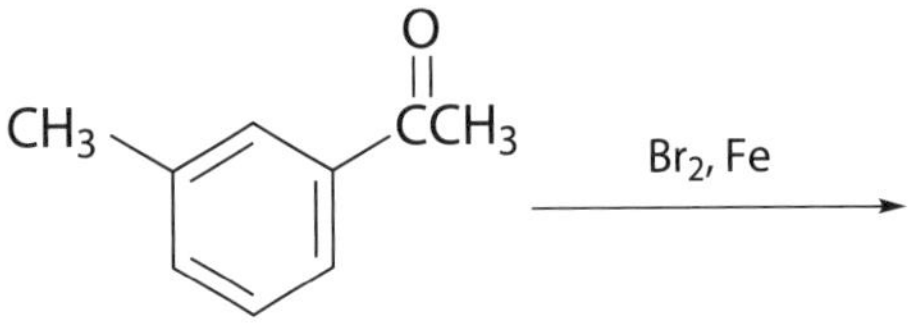 CH_3 $\overset{O}{\parallel}$ CCH_3 $\xrightarrow{Br_2,\ Fe}$

(d) 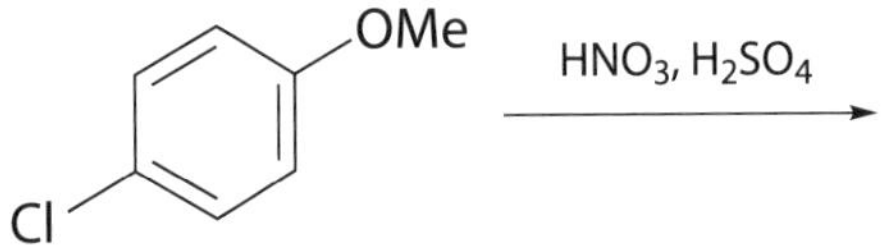 OMe Cl $\xrightarrow{HNO_3,\ H_2SO_4}$

問題 7.6　次の化合物を硝酸・硫酸混合物でニトロ化したときに得られるおもな一置換生成物の構造を示せ.

(a) 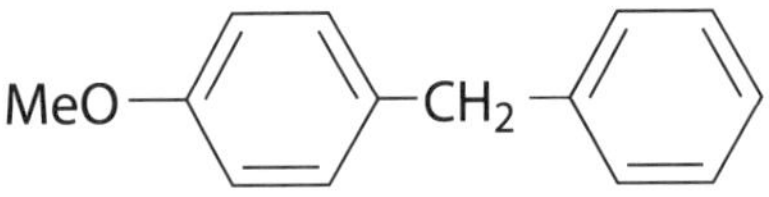 MeO—C_6H_4—CH_2—C_6H_5　(b) Cl—C_6H_4—CH_2—C_6H_5

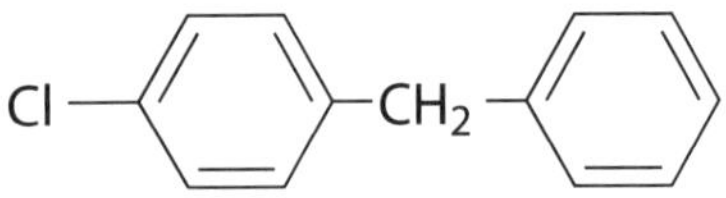

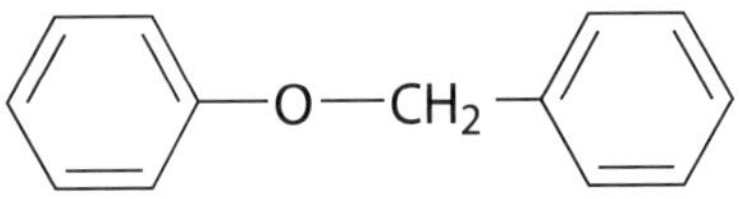

(c) C_6H_5—O—CH_2—C_6H_5　(d) 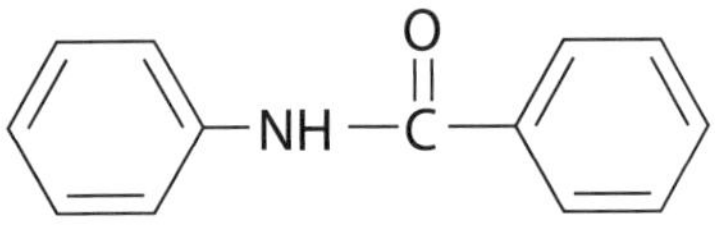 C_6H_5—NH—C(=O)—C_6H_5

問題 7.7　ベンゼンまたはアニリンから次の化合物を合成するための段階的な反応を提案せよ.

(a) 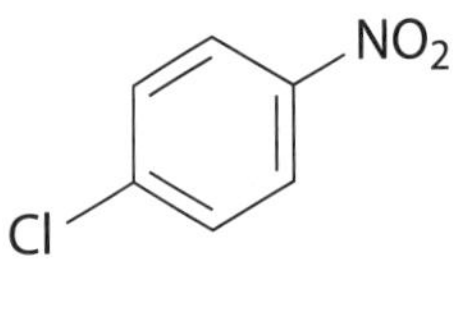 NO_2, Cl　(b) 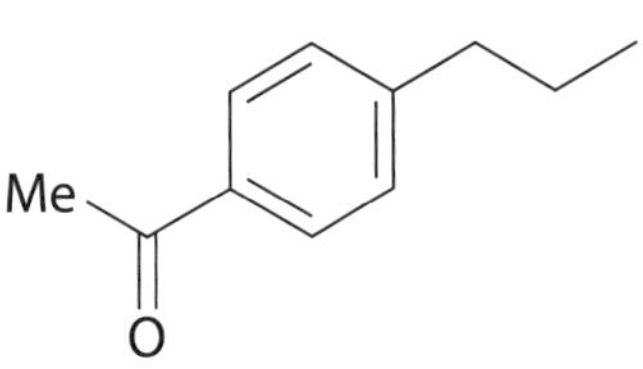 Me, O

(c) 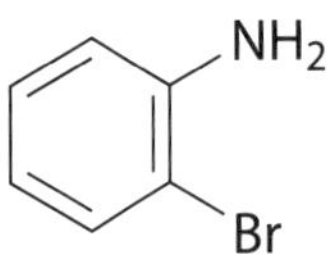 NH_2, Br　(d) 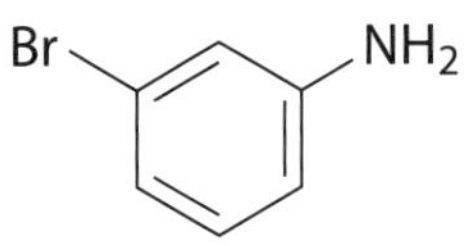 Br, NH_2

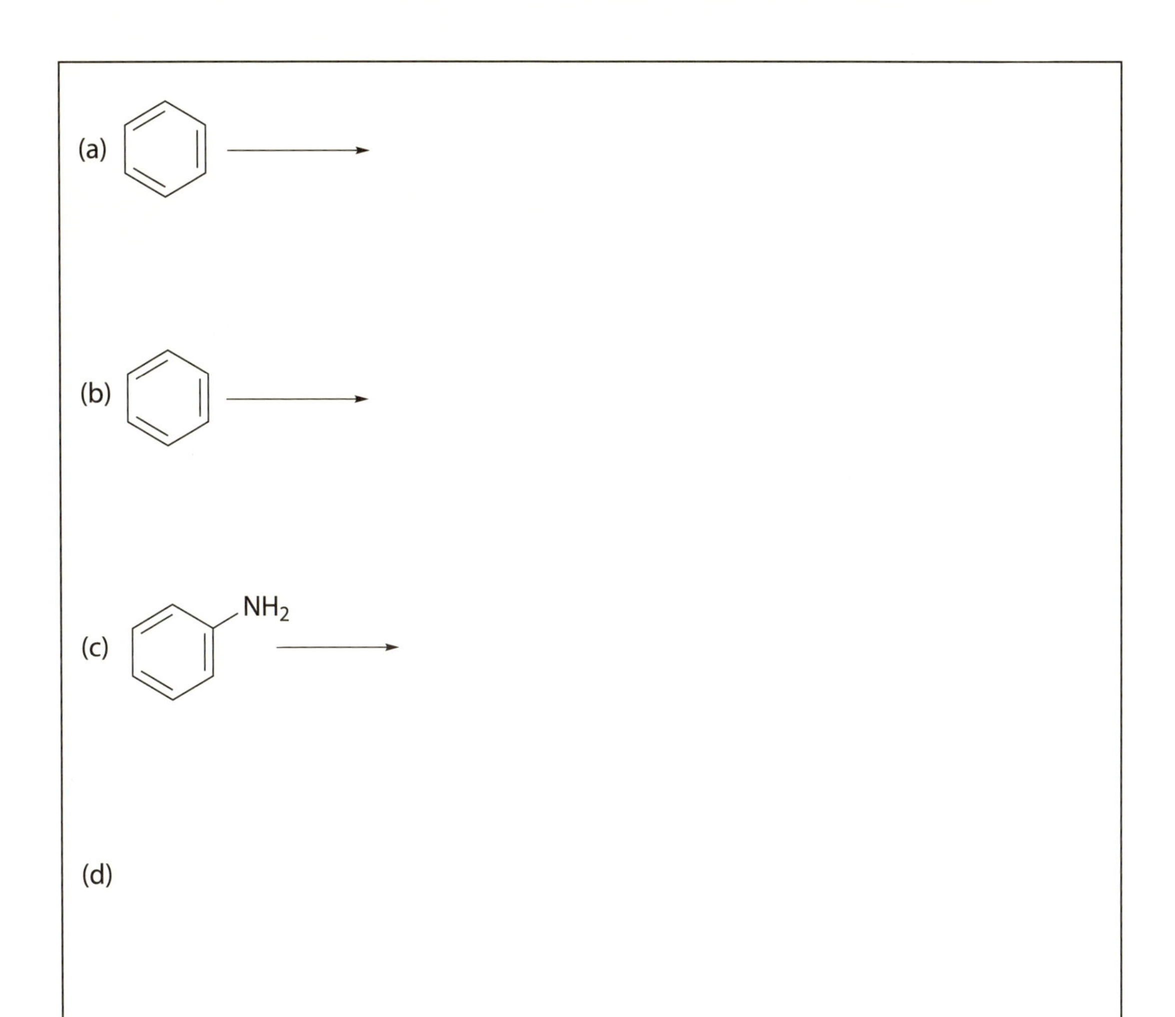

8　エノラートイオンの生成とその反応

8.1　エノラートイオンの生成

・カルボニル基の隣接位の水素（α 水素）は塩基によって引き抜かれ，エノラートイオンを生成する．エノラートイオンは求核性の非常に大きいアルケンとみなせる．

問題 8.1　次の反応式に非共有電子対と巻矢印を書き加えて，エタナールからエノラートイオンが生成する反応がどう進むか示せ.

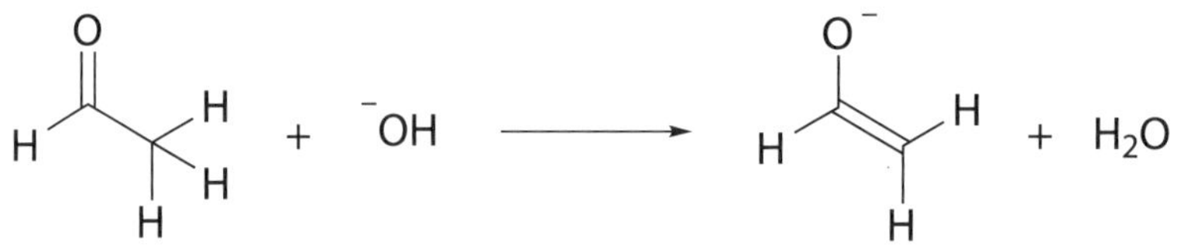

CH_3CHO + ^-OH → エノラートイオン + H_2O

エノラートイオン

問題 8.2　プロパノン（アセトン）が塩基性水溶液中でエノラートイオンを生成し，Br_2 と反応する過程を巻矢印で表せ.

この全反応結果は，ケトンの α 水素が Br で置換されたことになる（***α*-臭素化**）.

問題 8.3　エステルからも同じようにエノラートイオンが生成するが，アルコール交換を避けるようにアルコール中のアルコキシドで反応する.

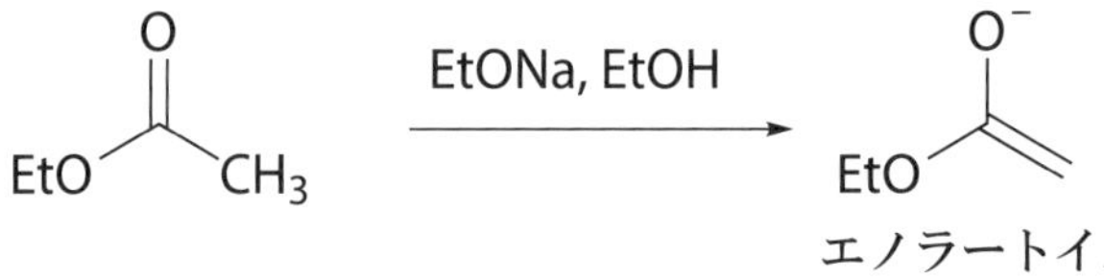

EtO–C(=O)–CH_3 —(EtONa, EtOH)→ エノラートイオン

エノラートイオン

エタン酸エチル（酢酸エチル）からエノラートが生成する反応の機構を書け.

問題 8.4　酸性条件では酸触媒によりエノールが生成する．次の**酸触媒エノール化**の反応機構を完成せよ．

O
H　CH_3　$\overset{H_3O^+}{\rightleftharpoons}$　OH
H　エノール

問題 8.5　エタン酸中でシクロヘキサノンに Br_2 を作用させると α-臭素化が起こる．この臭素化反応の機構を書け．

8.2　エノラートイオンとカルボニル化合物の反応

- エノラートイオンは求核種としてカルボニル基に付加することもできる（アルドール反応）し，エステルと反応して付加-脱離を起こすこともできる［クライゼン (Claisen) 縮合］．

問題 8.6　エタナール（アセトアルデヒド）のエノラートイオンがエタナールに付加して 3-ヒドロキシブタナールを生成する反応（アルドール反応）が，塩基触媒（HO^-）によってどのように進むか巻矢印で示せ．

問題 8.7　プロパノンのアルドール二量体は立体障害のために不安定である．この二量体の逆アルドール反応の機構を書け．

O　Me　OH
Me　Me　+ $^{-}$OH →

問題 8.8　問題 8.3 でみたエタン酸エチルのエノラートとエタン酸エチルの反応（クライゼン縮合）の機構を書け．

問題 8.9 プロパノンとベンズアルデヒドの交差アルドール反応の機構を書け.

問題 8.10 次のような分子内縮合反応はディークマン（Dieckmann）縮合とよばれる. この反応の機構を書け.

・1,3-カルボニル化合物のような活性メチレン化合物は安定なエノラートイオンを生成する.

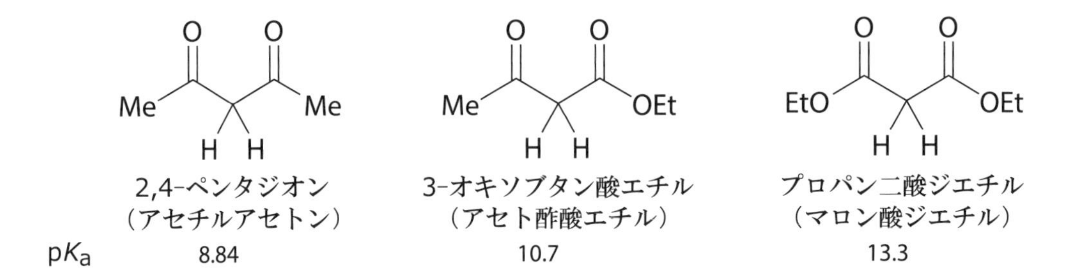

問題 8.11 2,4-ペンタンジオンのエノラートイオンを共鳴で表せ.

問題 8.12 次のようなアセト酢酸エチルのアルキル化反応の機構を書け.

O O OEt + $PhCH_2Cl$ $\xrightarrow[\text{EtOH}]{\text{NaOEt}}$ O O OEt Ph

アセト酢酸やマロン酸(プロパン二酸)のエステルのアルキル化反応はケトンやカルボン酸の合成に用いられる.この合成はアルキル化,加水分解,脱炭酸により達成される.

問題 8.13　アセト酢酸エチルから 5–オキソ–1–ヘキセンを合成するための反応を段階的反応式で示せ（アセト酢酸エステル合成）.

問題 8.14　マロン酸ジエチルから 3–フェニルプロパン酸を合成するための反応を段階的反応式で示せ（マロン酸エステル合成）.

問題 8.15　エナミンは電子豊富なアルケンであり，エノラートイオンと同じように S_N2 反応で *C*–アルキル化される．加水分解するとカルボニル化合物となるのでエナミンはエノラート等価体ともよばれる．次の変換反応の機構を書け．

9 求電子性アルケンと芳香族化合物の求核反応

9.1 求電子性アルケンへの付加反応

α, *β*–不飽和カルボニル化合物のようなアルケンは，置換基の電子求引性のために求電子性であり，求核種の攻撃を受ける．

問題 9.1 エノン $H_2C{=}CHC(O)CH_3$ の電子状態を共鳴で表せ．

・*α*, *β*–不飽和カルボニル化合物への求核付加には**共役付加**と**カルボニル付加**がある．

問題 9.2　塩基存在下におけるエノン $H_2C{=}CHC(O)CH_3$ への HCN の (a) カルボニル付加と (b) 共役付加が，どのように起こるか反応機構を書いて示せ．

(a)　カルボニル付加

(b)　共役付加

(c) 共役付加の逆反応は起こりにくいがカルボニル付加は逆反応を起こしやすい．その結果，速度支配と熱力学支配の条件で生成物比がどう変化するか説明せよ．

(c)

問題 9.3　エノンへのアルコールの付加には，塩基または酸触媒が必要である．(a) 塩基触媒および (b) 酸触媒共役付加の反応機構を書け．

O
+ EtOH
HCl または NaOEt
EtOH
OEt　O

(a)

(b)

問題 9.4 次の反応の主生成物の構造を示せ.

(a) 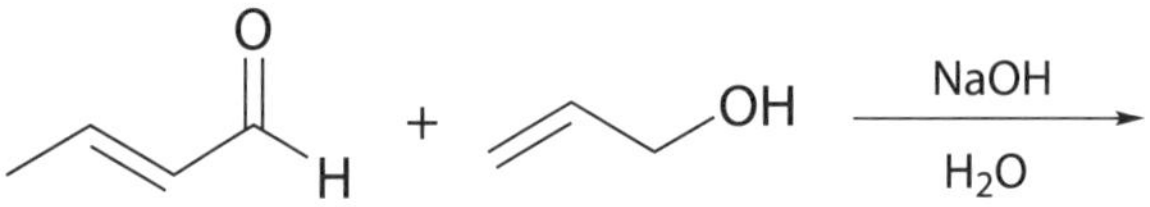 + OH NaOH / H_2O

(b) 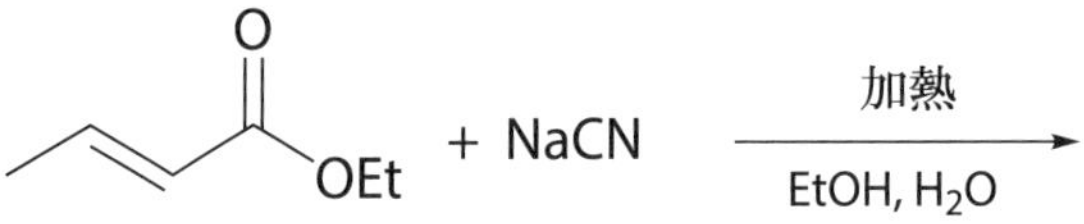 OEt + NaCN 加熱 / EtOH, H_2O

(c) 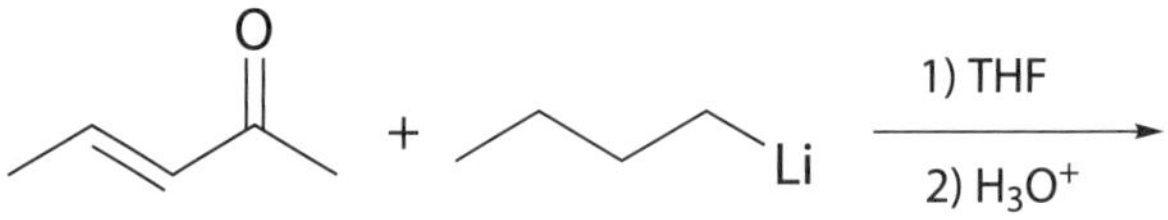 + Li 1) THF / 2) H_3O^+

(d) 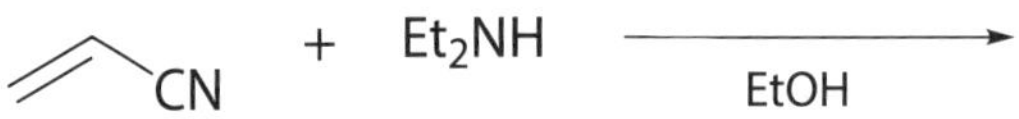 CN + Et_2NH / EtOH

(e) 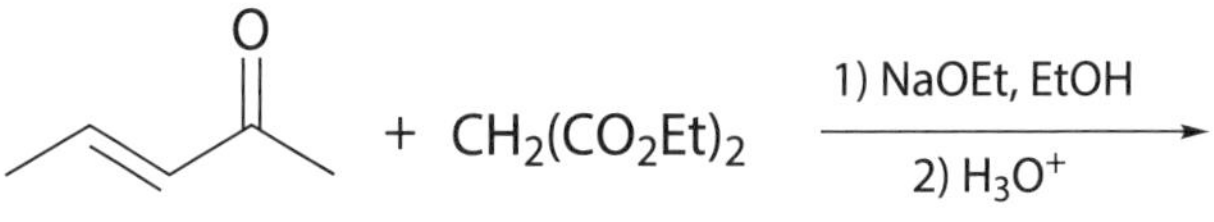 + $CH_2(CO_2Et)_2$ 1) NaOEt, EtOH / 2) H_3O^+

問題 9.5 エノラートの共役付加はマイケル（Michael）反応ともよばれるが，この反応に続いて分子内アルドール反応を起こすと環状化合物を与える．このロビンソン（Robinson）環化とよばれる反応の一例を次にあげるが，この反応がどのように進むか示せ.

\+ NaOEt, EtOH

問題 9.6　エナミンもエノラート等価体としてエノンに共役付加する．次の反応の機構を書け．また，主生成物を加水分解して得られる生成物の構造を示せ．

N

O

+

EtOH

H_3O^+, H_2O

加水分解

9.2 芳香族求核置換反応

・ハロベンゼンのオルトとパラ位（またはどちらか）に強い電子求引基があると，求核種の付加–脱離により求核置換反応を起こす.

問題 9.7 次の芳香族求核置換反応における中間体アニオンを共鳴で表せ.

O_2N–C_6H_4–Cl + MeO^- ⟶ O_2N–C_6H_4–OMe + Cl^-

・活性化されていないハロベンゼンも強力な塩基性条件では脱離が促進され，脱離–付加機構で**ベンザイン**を中間体とする置換反応が起こる.

問題 9.8 次の芳香族求核置換反応の機構を示せ.

Me–C_6H_4–Cl ⟶ ($NaNH_2$, 液体 NH_3 (–33℃)) Me–C_6H_4–NH_2 + Me–C_6H_4–NH_2

10 転位反応

10.1 カルボカチオンの転位

電子不足中心への **1,2-転位**がいろいろと見られる．その代表はカルボカチオンの転位である．

・カルボカチオンは，正電荷をもつ炭素 C^+へ隣接炭素からアルキル，フェニル，あるいはHが移動することにより **1,2-転位**を起こす．

問題 10.1 次の反応の機構を示せ．

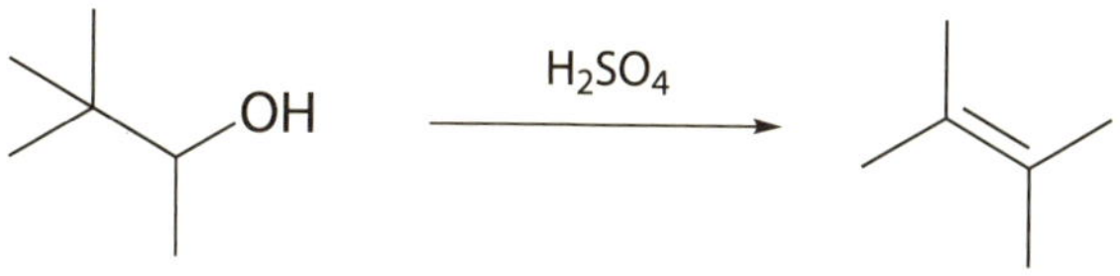

OH $\xrightarrow{H_2SO_4}$

問題 10.2 次の反応の機構を完成せよ．

H Br $\xrightarrow{H_2O}$

→ OH

問題 10.3 第一級カルボカチオンは不安定で生成しにくいが，脱離基が外れていくとともに 1,2-移動が起こり，安定なカルボカチオンを生成する．次の反応の機構を示せ．

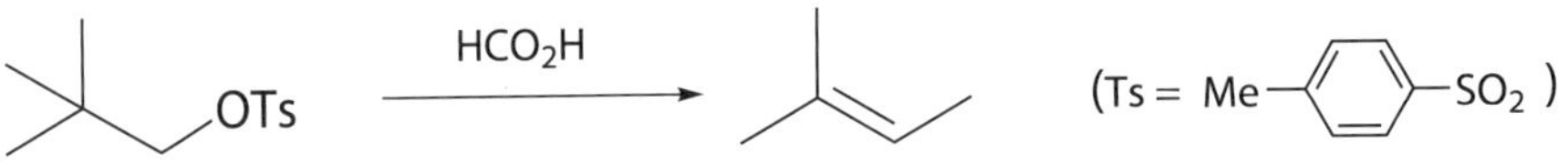

OTs $\xrightarrow{HCO_2H}$ (Ts = Me–C₆H₄–SO₂)

問題 10.4 ヒドロキシ基はカルボカチオンの安定化に大きく寄与する．次の対照的な二つの反応 (a) と (b) の機構を完成せよ．

(a) OH, H, H, OH $\xrightarrow{H^+}$ → H, H, O

(b) OH, H, H, OH $\xrightarrow{TsCl}$ (Ts = Me–C₆H₄–SO₂) → O

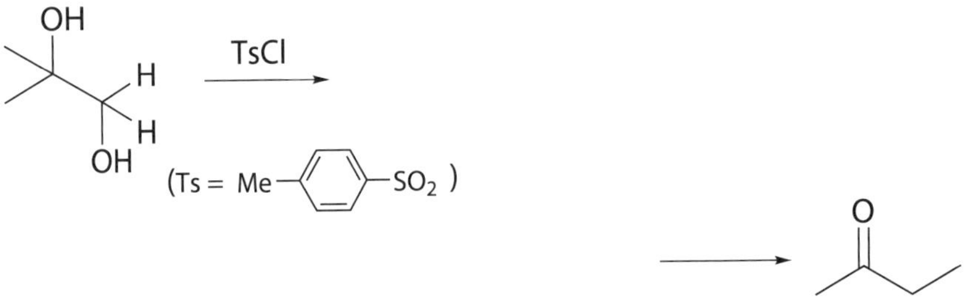

問題 10.5 次の反応の機構を提案せよ．

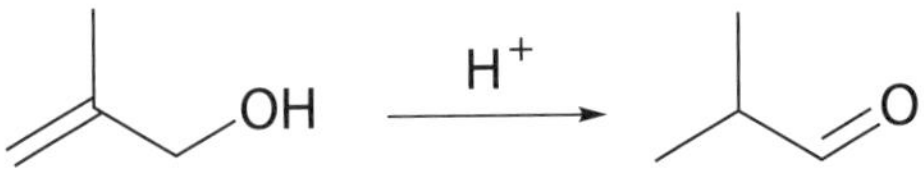

OH $\xrightarrow{H^+}$ O

10.2 カルボニル化合物の 1,2-転位

カルボニル炭素も電子不足であり，カルボニル化合物の中には酸性条件でも塩基性条件でも 1,2-転位を起こすものがある．

問題 10.6 酸性条件ではカルボニル酸素がプロトン化され，カルボカチオンと同じように転位を起こす．次の反応機構を完成せよ．

O
OH
$+H^+$
OH
O

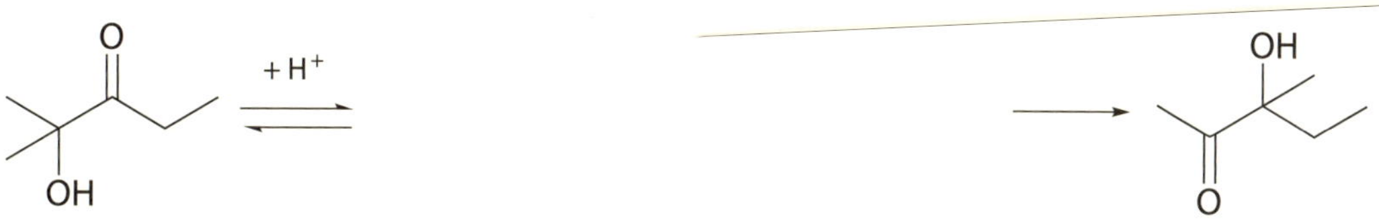

問題 10.7 次の塩基性条件における転位反応の機構を完成せよ．

O
OH
HO^-
OH
O

問題 10.8 次の塩基性条件におけるカルボニル化合物（ベンジル）の転位の反応機構を完成せよ（この反応は生成物の慣用名からベンジル酸転位ともよばれる）．

O
Ph
Ph
O
^-OH
O
Ph
Ph
O^-
OH

10.3 **その他の** 1,2-**転位**

問題 10.9 電子不足の酸素への 1,2-転位も知られている．次の転位・開裂反応がどのように起こるか巻矢印で示せ．

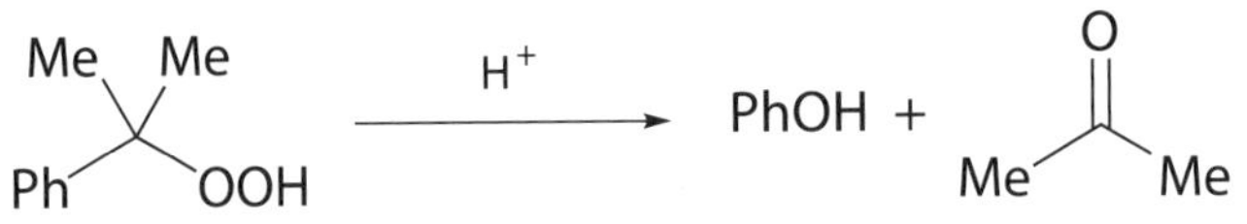

Me Me
Ph OOH
H⁺
PhOH +
O
Me Me

問題 10.10 オキシムのベックマン（Beckmann）転位は電子不足の窒素への 1,2-転位である．次の反応機構を完成せよ．

N OH
Ph Me
オキシム
+H⁺
Ph N H
Me O
アミド

問題 10.11 次の反応では，α 脱離によって生成したカルベンが 1,2-転位を起こしてアルケンを与える．巻矢印を書いて反応がどう進むか示せ．

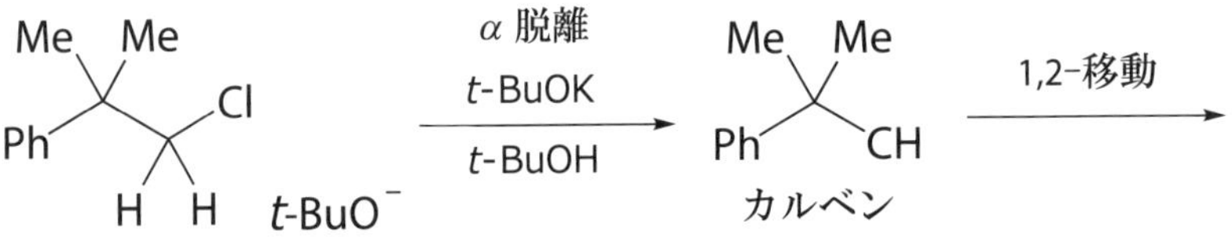

Me Me
Ph Cl
H H
t-BuO⁻
α 脱離
t-BuOK
t-BuOH
Me Me
Ph CH
カルベン
1,2-移動

問題 10.12　塩基性条件でアミドを *N*-臭素化すると，α 脱離で生成したニトレンが 1,2-転位を起こし，イソシアナートを与える（これは容易に加水分解・脱炭酸を受け，一炭素を失ったアミンに導かれる）．このホフマン（Hofmann）転位とよばれる反応がどう進むか巻矢印を用いて示せ．

$$\mathrm{RC(=O)NH_2}\ (\text{アミド}) \xrightarrow{\mathrm{NaOH,\ Br_2}}$$

$$\xrightarrow{1,2\text{-移動}} \mathrm{R-N{=}C{=}O}\ (\text{イソシアナート}) \xrightarrow{+\mathrm{HO^-}} \mathrm{R-NH-CO_2^-}\ (\text{カルバマートイオン}) \xrightarrow[-\mathrm{CO_2}]{+\mathrm{H^+}} \mathrm{RNH_2}\ (\text{アミン})$$

脱炭酸

11　ラジカル反応

・ラジカル反応では，1 電子の動きを片羽の巻矢印で表す．

問題 11.1　AIBN はラジカル開始剤としてよく用いられる．次の反応式に非共有電子対と電子の動きを示す巻矢印を書け．

$$\mathrm{Me_2C(CN)-N{=}N-C(CN)Me_2} \longrightarrow 2\ \mathrm{Me_2C(CN)\cdot} + \mathrm{N{\equiv}N}$$

アゾビスイソブチロニトリル
(AIBN)

ほとんどのラジカル反応は**ラジカル連鎖反応**として進む．この連鎖反応は，開始段階，（連鎖）成長段階，停止段階からなる．

問題 11.2　過酸化物のようなラジカル開始剤の存在下では，アルケンへの HBr 付加はラジカル連鎖反応として進む．過酸化物を開始剤とする次の反応の開始段階と成長段階を書け．非共有電子対は省略してよいが巻矢印で反応の進行を示せ．

$$CH_3(H)C{=}CH_2 + HBr \xrightarrow{RO-OR} CH_3-CH_2-CH_2Br$$

逆 Markovnikov 付加物

開始段階：　$RO-OR \xrightarrow{\text{加熱}}$

成長段階：

問題 11.3　エチルベンゼンと Br_2 の共存下に光照射すると，Br ラジカルが生成しラジカル連鎖反応が起こる．この連鎖反応の成長段階を書け．

ラジカル反応の選択性には，水素引抜き（または付加）で生成するラジカルの安定性が深く関係している．ラジカルの相対的安定性はカルボカチオンの安定性とよく似ている．

ラジカルの相対的安定性：

$$C_6H_5\dot{C}H_2 > CH_3CH{=}CH\dot{C}H_2 > R_3C\cdot > R_2HC\cdot > R-\dot{C}H_2 > H_3C\cdot$$

ベンジル型　アリル型　第三級　第二級　第一級　メチル

問題 11.4　水素化スズの Sn–H 結合は弱いので，ラジカル開始剤によってスズラジカルを生成し，次のようなハロアルカンの脱ハロゲン化を達成することができる．連鎖成長段階を書いて，このラジカル連鎖反応を完成せよ．

$$\mathrm{RCl} + \mathrm{Bu_3SnH} \xrightarrow[\text{加熱}]{\mathrm{AIBN}} \mathrm{RH} + \mathrm{Bu_3SnCl}$$

開始段階：　$\mathrm{Bu_3Sn{-}H} \xrightarrow[\text{加熱}]{\mathrm{AIBN}} \mathrm{Bu_3Sn\cdot}$

成長段階：

12 応 用 問 題

問題 12.1　次の反応の機構を書け．

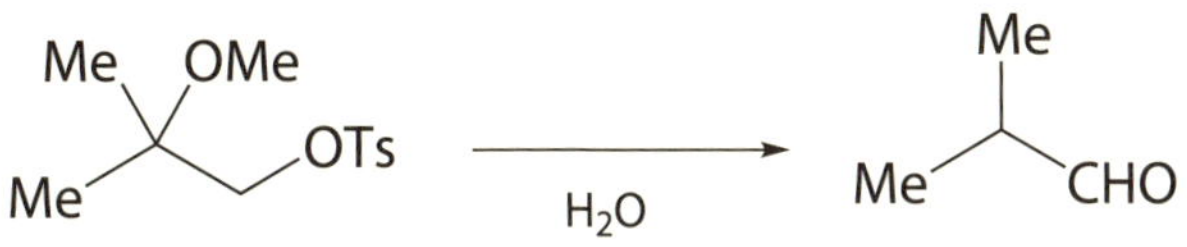

問題 12.2　次の転位反応の機構を完成せよ.

問題 12.3　次の変換反応の機構を書け.

問題 12.4　次の反応がどのように起こるか示せ.

問題 12.5　次の反応の機構を書け.

『有機反応機構』ワークブック
巻矢印で有機反応を学ぶ！

平成28年12月30日　発　　行
令和 6 年 2 月25日　第3刷発行

著作者　奥　山　　格

発行者　池　田　和　博

発行所　丸善出版株式会社
〒101-0051 東京都千代田区神田神保町二丁目17番
編集：電話(03)3512-3266／FAX(03)3512-3272
営業：電話(03)3512-3256／FAX(03)3512-3270
https://www.maruzen-publishing.co.jp

組版印刷・製本／三美印刷株式会社

ISBN 978-4-621-30107-4　C 3043　Printed in Japan

有機化学 改訂3版

奥山　　格（兵庫県立大学名誉教授）
石井　昭彦（埼玉大学大学院理工学研究科）
箕浦　真生（立教大学理学部）　著

B5判，456ページ，4色刷
本体価格 5,000円
ISBN 978-4-621-30838-7

もくじ

＊ウェブサイトでは各章の補充問題と解答，考え方とヒントや，反応例，追加の解説を収載．ウェブにのみまとめた章も収載しています．
＊オンラインテストにもチャレンジしてみよう．採点結果がでるので，自分の理解度を確かめることができます．